曳引电梯主要部件
及功能检验检测技术

林凯明　彭成淡　主编

YEYIN DIANTI ZHUYAO BUJIAN
JI GONGNENG JIANYAN JIANCE JISHU

中国电力出版社
CHINA ELECTRIC POWER PRESS

内 容 提 要

本书以《电梯监督检验和定期检验规则——曳引与强制驱动电梯》（TSG T7001—2009）和《电梯制造与安装安全规范》（GB 7588—2003）为基础，从概念出发，阐述了电梯重要部件及功能的结构及工作原理，并在编者多年从事实际检验工作经验的基础上，详述了各个部件和功能的检测方法，这些方法都是经过现场检验验证可执行的方法。

本书可供各建筑工程施工单位、电梯安装施工单位的技术与管理人员使用，也可供从事电梯安装、改造、修理、维护保养、监理、监督及使用管理的工作人员参考；同时也是从业检验人员从事现场检验的重要参考资料。

图书在版编目（CIP）数据

曳引电梯主要部件及功能检验检测技术 / 林凯明，彭成淡主编. —北京：中国电力出版社，2019.8（2021.1 重印）

ISBN 978-7-5198-3251-3

Ⅰ. ①曳⋯ Ⅱ. ①林⋯ ②彭⋯ Ⅲ. ①曳引电梯–零部件–检测 Ⅳ. ①TH211

中国版本图书馆 CIP 数据核字（2019）第 105188 号

出版发行：中国电力出版社
地 　 址：北京市东城区北京站西街 19 号（邮政编码 100005）
网 　 址：http://www.cepp.sgcc.com.cn
责任编辑：王晓蕾（010-63412610）
责任校对：黄 　 蓓 　 常燕昆
装帧设计：张俊霞
责任印制：杨晓东

印 　 刷：北京博图彩色印刷有限公司
版 　 次：2019 年 8 月第一版
印 　 次：2021 年 1 月北京第二次印刷
开 　 本：710 毫米×980 毫米 　 16 开本
印 　 张：8.75
字 　 数：204 千字
定 　 价：68.00 元

本书编委会

主　编　林凯明　彭成淡

副主编　雷勇利　陆　晓　李溢开　钟裕昌　胡建恺

参　编（以姓氏笔画为序，排名不分先后）

　　　　张洪升　李怀珠　曾凯军　丁俊才　张宏伟

　　　　何　东　孙仲达　吴志伟　林邓添　陈胡锁

　　　　郭志华　黄建林　黄　勇　梁琨盛　赖玉强

　　　　程民豪

主　审　林如锡　姜忆景　黄　英

前　言

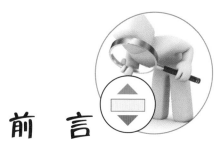

　　随着人们生活水平的提高，电梯已经成为人们日常生活中不可或缺的垂直交通工具。截至 2017 年底，全国在用电梯已经超过了 550 万台。在人们享受电梯所带来便利的同时，电梯的安全性也不断引起人们的重视，在这个过程中，电梯的检验检测是保证电梯安全不可或缺的一个步骤。近些年，随着电梯新技术的不断发展，很多传统适用的检验检测方法已经慢慢不能适应新技术电梯检验的需求。经笔者的观察，市面上关于电梯检验新技术方面的书也乏善可陈，本书的出版在一定程度上填补了市场的空白，为广大的电梯从业工作者提供了电梯新技术产品检验方法指导。

　　本书共十二章，涉及了电梯的四大空间、八大系统的主要部件的检验检测，分别为制动器及制动器保护功能的试验方法、门旁路装置的试验方法、不同结构限速器的校验方法、接地的检验方法、绝缘电阻的检测方法、上行超速保护装置的检测方法、门回路检测功能的试验方法、电梯轿厢意外移动保护装置的检验方法、极限开关的检测方法、超载保护装置的检测方法、限速器安全钳联动试验的检测方法和轿门开门限制装置的检测方法。本书从每一个部件或功能的定义开始讲起，深入浅出地讲解了部件的作用、结构以及工作原理，详细地阐述了标准、规范对于此部件或功能的要求，并且根据笔者多年的工作经验撰写了可实际操作的、经过现场检验过的检验方法。

编　者

目　录

第一章

制动器及制动器保护功能的试验方法

一、定义

电梯制动器是指具有使电梯驱动主机（或轿厢）减速、停止或保持停止状态等功能的装置。在出现下述情况时能自动动作：

（1）动力电源失电；

（2）控制电路电源失电。

制动器故障保护功能是指当系统监测到制动器的提起（或者释放）失效时，能够防止电梯的正常启动。

二、作用

制动器是电梯整个安全保护措施中重要的一环，其主要功能是对主机转轴起制动作用，当电梯轿厢到达所需层站或电梯遇紧急情况时使曳引机迅速停车，电梯停止运行。此外，制动器还对轿厢与厅门地坎平层时的准确性起着重要的作用。

制动器故障保护功能在制动器发生卡阻或过度磨损，造成制动器不能正常打开或者合闸时发挥作用。它能够防止电梯的再次启动，从而避免因电梯制动器故障造成的制动器拖闸、过热、损坏电动机，甚至发生溜车、冲顶或蹲底等事故。

三、结构及原理

目前我国常用的制动器为机—电摩擦型常闭制动器，根据形式不同，又分为毂式制动器、块式制动器、蝶式制动器以及盘式制动器等。

1. 机—电摩擦型常闭毂式制动器结构及工作原理

（1）毂式制动器结构。电梯一般采用机—电摩擦型常闭毂式直流电磁制动器，此类型制动器在电梯上应用最为广泛。所谓常闭式制动器，指机械不工作

1

时制动器制动、机械运转时松开抱闸的制动器。其性能稳定，噪声小，制动可靠。其主要结构有制动电磁铁、制动臂、制动瓦块、制动弹簧，如图1－1所示。

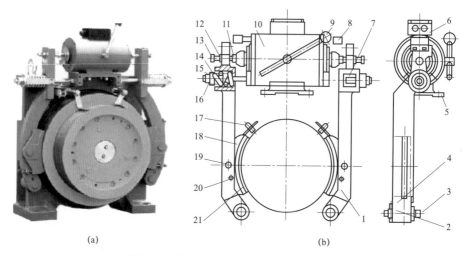

(a)　　　　　　　　　　　　　　　(b)

图1－1　机—电摩擦型毂式制动器结构

1—制动臂；2—开口销；3—制动臂轴；4—调整垫；5—磁力器底座；6—整流控制器；
7—弹簧压缩量/制动力矩对应表；8—松闸指标开关；9—松闸手柄；10—磁力器；11—动心轴；
12—制动螺栓锁紧螺母；13—松闸螺栓；14—制动弹簧；15—制动弹簧座；16—制动弹簧调整螺母；
17—磨损监控开关；18—制动瓦；19—制动瓦轴；20—紧定螺钉；21—摩擦片

（2）毂式制动器工作原理。当电梯处于静止状态时，曳引电动机、电磁制动器的线圈中无电流通过，这时制动电磁铁的铁芯之间没有吸引力，制动瓦块在制动弹簧的压力作用下，将制动轮抱紧，保证了电梯处于不运行的静止状态；当曳引电动机通电旋转的瞬间，制动电磁铁中的线圈也同时通上电流，电磁铁迅速磁化吸合的同时，带动制动臂克服制动弹簧的作用力，使制动瓦块张开，与制动轮完全脱离，从而使电梯得以运行；当电梯轿厢到达所需层站停车时，曳引电动机失电，制动电磁铁中的线圈也同时失电，电磁铁芯中的磁力迅速消失，铁芯在制动弹簧的作用下通过制动臂复位，使制动瓦块再次将制动轮抱住，使电梯制停。

对于有齿轮曳引机，制动器安装在电动机的高速轴与减速箱之间，即在电动机高速轴与蜗轮轴相联的制动轮处；若是无齿轮曳引机，则安装在电动机与曳引轮之间。

2. 机—电摩擦型常闭块式制动器结构及工作原理

（1）机—电摩擦型常闭块式制动器结构。块式制动器与毂式制动器力矩形成方式基本相同，其主要优点为：

1）曳引机整机高度降低，适合小空间、无机房安装。

2）制动工作行程小，充分利用电磁力，节约电能。

3）制动滞后时间短。

块式制动器结构组成主要有静铁芯、制动弹簧、线圈组件、动铁芯、摩擦片、连接螺栓等，如图 1-2 所示。

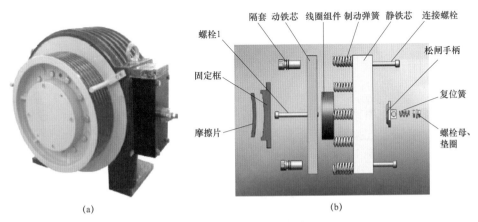

图 1-2　块式制动器结构

（2）机—电摩擦型常闭块式制动器工作原理。在没有通电的状态下，静铁芯内的弹簧将动铁芯部件压在制动轮面上，形成制动力矩。

当线圈通电时，动、静铁芯间形成电磁力，电磁力克服弹簧力，静铁芯部件吸引动铁芯部件，工作间隙转移到制动面一侧，摩擦片脱离制动轮，曳引机开始运转。

3. 机—电摩擦型常闭碟式制动器结构及工作原理

（1）机—电摩擦型常闭碟式制动器结构。碟式制动器由电枢、制动衔铁盘、弹簧及连接座等零部件组成，如图 1-3 所示。用于带制动盘的曳引机上，该制动器为失电制动，通过连接座上的两个轴孔与曳引机相连。

（2）机—电摩擦型常闭碟式制动器工作原理。当制动器电枢得电时，制动器衔铁盘被吸引，弹簧被压缩，这时曳引机的制动盘可在制动衔铁盘与连接座行程的缝隙中自由旋转；当制动器电枢失电时，由于电磁力消失，在弹簧的作用下，使制动衔铁盘和连接座夹紧曳引机的制动盘，使之实现制动。

碟式电磁制动器用于带制动盘的各类曳引机上，可以通过使用碟式制动器的数量来满足不同曳引机制动力矩的需要。

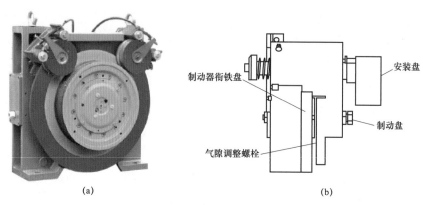

图 1-3　碟式制动器结构

4. 机—电摩擦型常闭盘式制动器结构及工作原理

（1）机—电摩擦型常闭盘式制动器结构。盘式制动器由电磁线圈、衔铁、摩擦盘、弹簧、连接轴套等零部件组成，如图 1-4 所示。

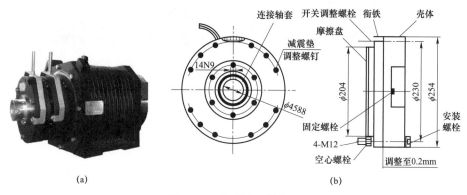

图 1-4　盘式制动器结构

（2）机—电摩擦型常闭盘式制动器工作原理。当电梯处于静止状态时，曳引电动机、制动器的电磁线圈中均无电流通过，这时因电磁铁芯间没有吸引力、制动瓦块在制动弹簧压力作用下，将制动轮抱紧，保证曳引电动机不旋转。

当曳引电动机通电旋转的瞬间，制动电磁铁中的线圈同时通上电流，电磁铁芯迅速磁化吸合，带动制动臂使其制动弹簧受作用力，制动瓦块张开，与制动轮完全脱离，电梯得以运行。

当电梯轿厢到达所需停站时，曳引电动机失电、制动电磁铁中的线圈也同时失电，电磁铁芯中的磁力迅速消失，铁芯在制动弹簧的作用下通过制动臂复位，使制动瓦块再次将制动轮抱住，电梯停止。

四、标准要求

1. GB 7588—2003《电梯制造与安装安全规范》及 1 号修改单关于电梯制动器的相关条文

12.4.2.1 当轿厢载有 125%额定载荷并以额定速度向下运行时，操作制动器应能使曳引机停止运转。

在上述情况下，轿厢的减速度不应超过安全钳动作或轿厢撞击缓冲器所产生的减速度。

所有参与向制动轮或盘施加制动力的制动器机械部件应分两组装设。如果一组部件不起作用，应仍有足够的制动力使载有额定载荷以额定速度下行的轿厢减速下行。

电磁线圈的铁芯被视为机械部件，而线圈则不是。

12.4.2.2 被制动部件应以机械方式与曳引轮或卷筒、链轮直接刚性连接。

12.4.2.3 正常运行时，制动器应在持续通电下保持松开状态。

12.4.2.3.1 切断制动器电流，至少应用两个独立的电气装置来实现，不论这些装置与用来切断电梯驱动主机电流的电气装置是否为一体。

当电梯停止时，如果其中一个接触器的主触点未打开，最迟到下一次运行方向改变时，应防止电梯再运行。

12.4.2.3.2 当电梯的电动机有可能起发电机作用时，应防止该电动机向操纵制动器的电气装置馈电。

12.4.2.3.3 断开制动器的释放电路后，电梯应无附加延迟地被有效制动。

注：使用二极管或电容器与制动器线圈两端直接连接不能看作延时装置。

2. GB/T 24478—2009《电梯曳引机》关于电梯制动器的相关条文

4.2.2.2 曳引机的额定制动力矩应按 GB 7588—2003 中 12.4.2.1 与曳引机用户商定，或为额定转矩折算到制动轮（盘）上的力矩的 2.5 倍。

所有参与向制动轮（盘）施加制动力的制动器机械部件应至少分两组设置。应监测每组机械部件，如果其中一组部件不起作用，则曳引机应停止运行或不能启动，并应仍有足够的制动力使载有额定载重量以额定速度下行的轿厢减速下行。

电磁线圈的铁芯被视为机械部件，而线圈则不是。

制动衬不应含有石棉材料。

4.2.2.3 在满足 4.2.2.2 的情况下，制动器电磁铁的最低吸合电压和最高释放电压应分别低于额定电压的 80%和 55%。

制动器制动响应时间不应大于 0.5s，对于兼作轿厢上行超速保护装置制动元件的曳引机制动器。

5.9 制动器动作试验

将制动器组装在曳引机上，使电机处于静止状态，然后进行周期不小于5s 的连续不间断的制动器动作试验。

3. GB/T 10060—2011《电梯安装验收规范》关于电梯制动器的相关条文

5.1.8.3 电梯应设有制动系统，该系统应具有一个机—电式（摩擦型）制动器，另外还可装设其他自动装置。在动力电源失电或控制电路电源失电时自动系统应能自动动作。

禁止使用带式制动器作为机—电式制动器。

5.1.8.4 所有参与向制动轮或盘施加制动力的机—电式制动器的机械部件应至少分两组装设。制动器电磁线圈的铁芯是机械部件，而线圈则不是。

5.1.8.5 机—电式制动器应在持续通电情况下保持松开状态，被制动部件应直接采用刚性机械装置与曳引轮或卷筒、链轮连接。

5.1.8.6 切断机—电制动器的电流，至少应用两个独立的电气装置来实现。这些电气装置可以是同时用来切断电梯驱动主机电流的接触器。

当电梯停止时，如果其中一个接触器的主触点未打开。最迟到下一次运行方向改变时，应防止电梯再运行。

5.1.8.7 装有手动紧急操作装置的电梯驱动主机，应能用手松开机—电式制动器并需要以持续力保持松开状态。

5.1.8.8 机—电式制动器应用有导向的压缩弹簧或重块向制动靴或衬片施加压力。

5.1.8.9 应装设对机—电式制动器的每组机械部件工作情况进行检测的装置。如果有一组制动器机械部件不起作用，则曳引机应当停止运作或不能启动。

4. TSG T7001—2009《电梯监督检验和定期检验规则——曳引与强制驱动电梯》（含第 1 号修改单）对于电梯制动器的要求

2.9.1 所有参与向制动轮或盘施加制动力的制动器机械部件应当分两组装设。

2.9.2 电梯正常运行时，切断制动器电流至少应当用两个独立的电气装置来实现，当电梯停止时，如果其中一个接触器的主触点未打开，最迟到下一次运行方向改变时，应当防止电梯再运行。

2.9.3 制动器应当动作灵活，制动时制动闸瓦（制动钳）紧密、均匀地贴合在制动轮（制动盘）上，电梯运行时制动闸瓦（制动钳）与制动轮（制动盘）不发生摩擦；并且制动闸瓦（制动钳）以及制动轮（制动盘）工作面上没有油污。

5. TSG T7001—2009《电梯监督检验和定期检验规则——曳引与强制驱动电梯》第 2 号修改单对于电梯制动器增加的要求

2.8.8 应当具有制动器故障保护功能,当监测到制动器的提起(或者释放)失效时,能够防止电梯的正常启动。

五、检验方法

1. 制动器机械部件设置(监督检验)

根据提供的型式试验报告,对照电梯制动器,查验参与向制动轮或盘施加制动力的各机械部件设置。

2. 制动器电气装置设置(监督检验)

根据电梯电气原理图和实物状况,在机房对制动器进行模拟操作检查,电梯运行后,按住控制制动器电磁线圈电气装置中的一个接触器的主触点,电梯继续运行,直到到达站停层。电梯停止后,仍按住其主触点不放开,最迟到下一次运行方向改变时,电梯应不能再运行。

3. 制动器动作情况(监督检验、定期检验)

现场仔细检查制动器的各个部件是否齐全,制动器是否动作灵活,制动时制动闸瓦(制动钳)是否紧密、均匀地贴合在制动轮(制动盘)上,电梯运行时制动闸瓦(制动钳)与制动轮(制动盘)有无发生摩擦;并且仔细观察制动闸瓦(制动钳)以及制动轮(制动盘)工作面上是否有油污。

在检验制动器四角处间隙平均值两侧各不大于 0.7mm 时,短接上限位开关、上极限开关和缓冲器开关,慢车提升空轿厢,使对重完全压实在缓冲器上。切断电梯总电源,人为使制动器控制线圈得电,将制动器打开,用塞尺测量制动瓦与制动轮之间的间隙,其四角处间隙平均值应不大于 0.7mm。在此应注意,标准要求的是间隙的平均值。

4. 制动器故障保护功能(监督检验、定期检验)

目前在我国,机—电摩擦型常闭制动器大部分电梯都采用在制动器处装设微动常闭开关来检测电梯制动器的吸合情况。检测时,电梯正常运行,当制动器打开电梯开始启动时,人为抵住用于检测制动器开合的微动开关(图 1-5),模拟制动器未打开,此时应电梯不能启动,会报出制动器故障代码,需通过手动复位的方法才能使电梯重新正常运行。

当电梯正常启动运行后,人为将微动开关短接,模拟制动器因过度磨损或卡阻或其他原因没有合闸的情况。此时,当电梯到达指定层站开门后,电梯应不能再次启动,并报出制动器故障,需要通过人工手动复位才能使电梯再次启动。

(a)   (b)

图 1-5　微动开关

此外，电梯正常运行时，按照电梯制造厂家的方法，通过电梯操作器将制动力矩参数调小，模拟制动力矩不足时的状态。当电梯到达指定层站后开门后，系统应能监测到制动力矩比正常力矩偏小，防止电梯再次启动。

5. 上行制动试验（监督检验、定期检验）

轿厢空载以正常运行速度上行至行程上部时，断开主开关，检查轿厢制停和变形损坏情况。

6. 下行制动试验（监督检验）

轿厢装载 125%额定载荷，以额定速度向下运行至行程下部，切断电动机与制动器供电，检查轿厢制停和变形损坏情况。

六、常见问题

1. 电气类问题

根据 GB 7588—2003《电梯制造与安装安全规范》12.4.2.3.1 规定：切断制动器电流，至少应用两个独立的电气装置来实现，不论这些装置与用来切断电梯驱动主机电流的电气装置是否为一体。当电梯停止时，如果其中一个接触器的主触点未打开，最迟到下一次运行方向改变时，应防止电梯再运行。以下是几种常见的制动器错误回路及原因分析。

（1）电路图为安全回路、制动器电路控制回路构成。如图 1-6 所示，B04-B06 为交流 110V 电压，经 ZB2 整流后提供给抱闸线圈。其中，CB 为制动接触器，CC 为电源接触器。当电源锁打开后，CC 处于吸合状态。从电路图上看，控制 DZ 的电流由 CC、CB 两个不同的接触器触点控制。但是由于 CC 在开梯情况下处于常闭状态，故只有制动器（CB）一个触点控制。不符合 GB

7588—2003 对制动器的要求。

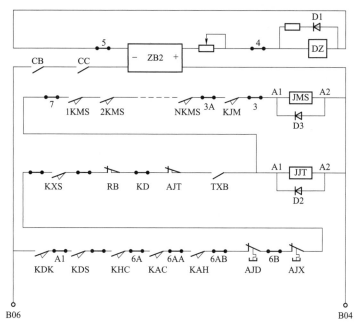

图 1-6　制动器错误回路（一）

（2）电路图是安全及制动回路，如图 1-7 所示。安全回路接触器 KAS，厅门锁继电器 KAD 由 102-101 构成回路，制动器回路由 204-203 提供直流

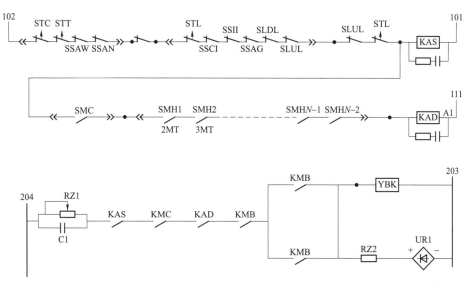

图 1-7　制动器错误回路（二）

电压。YBK 的电流流向是 204+→RZ1→KAS→KMC→KAD→KMB→YBK→203−。下面我们做一分析，该电路图是变频调速系统，主接触器 KMC 在控制柜上电的情况下也是处于吸合状态。KAS 作为安全回路继电器在正常情况下是常吸合的。那么，如果 KMB 造成粘连，在电梯停止运行没有打开厅、轿门的瞬间，YBK 是不下闸释放的，这样会造成溜车，也是不符合 GB 7588—2003 要求的。

（3）如图 1−8 所示电路，制动器线圈由 30→KJT→KMB1→KS→RJ→LZ→31 构成通路。正常情况下，KX、KJT 常吸合，因而动合触电 KJT 保持通路。KMB1 是门连锁继电器，在厅、轿门关闭的情况下维持通路。其动作过程是，在各安全开关处于正常情况下，厅、轿门关闭，发出上行或下行指令，上行或下行接触器吸合，LZ 得电，电梯开闸运行。发出停层指令，KS 或 KX 释放，停车开门，运行过程结束。但是，当 KS 或 KX 因故粘连吸合，在电梯厅、轿门未打开的情况下，LZ 得失不释放，制动器处于开闸状态，也会造成溜车，也不符合 GB 7588—2003 的要求。

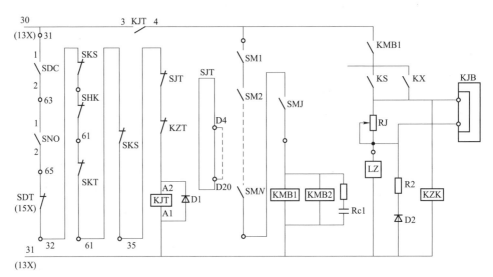

图 1−8　制动器错误回路（三）

（4）如图 1−9 所示电路由三部分组成：上行（U）、下行（D）接触器在给出指令的情况下吸合，然后由上行（U）、下行（D）并联构成回路的运行接触器（UD）吸合，制动器线圈在此情况下，电流流向为 110V+→U（或 D）→R（电阻）→R1（可调电阻）→B→UD→110V−。而实现得电开闸使电梯运行。在这种情况下如果 U（或 D）粘连，那么 UD 得电，造成制动器回路通路，抱闸不释放，也不符合独立性要求。

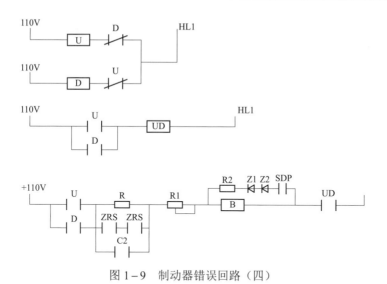

图 1-9　制动器错误回路（四）

（5）如图 1-10 所示电路图制动器回路由主电源接触器触点串联，抱闸接触器的两个动合触点构成。该电梯在电梯电锁打开情况下处于动断状态，故只有制动接触器一个装置实现抱闸的开启和闭合，也是不符合 GB 7588—2003《电梯制造与安装安全规范》要求。

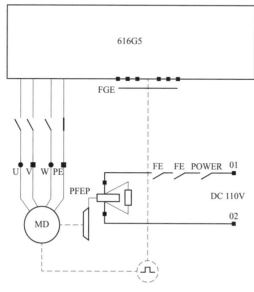

图 1-10　制动器错误回路（五）

（6）如图 1-11 所示电路由急停回路串联制动接触器 K3 组成回路，其缺点是在正常情况下，JT 是常吸合的，因而实际上只有接触器 K3 控制制动器线圈的电流，不符合 GB 7588—2003 要求。

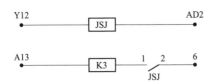

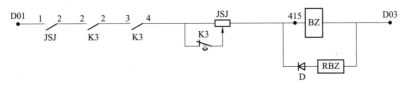

图 1-11　制动器错误回路（六）

（7）如图 1-12 所示电路图，只要上行（S）或下行（X）接触器吸合运行，抱闸即打开，但同时隐患最大，一旦上行（S）、下行（X）接触器粘连，将直接造成制动器得电，引发事故。

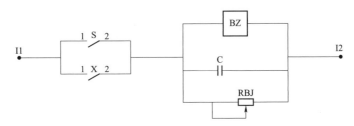

图 1-12　制动器错误回路（七）

总之，电路图多种多样。所以，判断制动接触器线圈的控制回路是否符合GB 7588—2003 有三个关键点：

1）看制动器线圈是否有两个独立电气装置来实现。

2）看这两个电气装置的相互关系是否有逻辑控制关系。

3）排除制动器线圈中另有两个以上接触器触点控制，但看似有动合触点，其实在某种情况下是常闭的部分（如安全回路、厅门锁回路等）。

2. 机械类问题

（1）活动机械卡阻。部件的不及时清理和维修，会导致机械部件有异物或部件断裂（图 1-13），极易导致机械卡阻，对合闸的效果产生不利的影响和作用。例如制动器停止通电后，无法合闸，或合闸不及时，或制动器打开情况受阻。

图 1-13　机械部件断裂图

例如：鼓式制动器上由于其杠杆，存在着多个旋转面，一旦旋转部位生锈，会产生卡死现象，另外动芯部分是一个比较小的间隙配合，当动芯生锈时，也会卡死。又如，块式和盘式制动器的气隙和行程都很小，如果有杂物掉进去，也会产生卡死无法打开的现象，所以目前块式和盘式制动器的气隙一般都有防护。此外，块式和盘式制动器有一个降低噪声的缓冲垫，当缓冲垫产生不良磨损时，

图 1-14　制动器零部件磨损图

其融化物渗漏到气隙面，也会产生卡死现象。

（2）制动器零部件的缺损或腐蚀。长期的使用和摩擦会导致运动轴的磨损量不断增大，制动轮、瓦块磨损情况严重（图 1-14），间隙变大，从而导致制动器制动效果的下降。制动闸瓦表面因磨损导致摩擦表面出现碳化现象，硬度增大，摩擦系数降低，甚至导致制动性能完全失效。

（3）主弹簧压力不平均，过大或不足，制动闸瓦的受力不均匀，导致制动瓦块的松弛和软化（图 1-15），甚至制动片缺损，从而导致制动效果的不足或失效。制动弹簧压缩行程不符合出厂设计要求，偏小或偏大均会导致制动闸瓦压力不足，以致降低制动力矩。

（4）摩擦效果和程度较低，当机械部件上存在过多的润滑剂或存留污垢时（图 1-16），会降低制动瓦块和制动轮的摩擦效果，降低制动力矩，导致电梯制动效果的失灵。

13

图 1-15　制动闸瓦松弛和软化图

（5）制动闸瓦距离不符合要求。制动器打开闸瓦时，两侧的闸瓦无法做到同时离开，两侧闸瓦的距离不符合标准要求，存在明显合闸滞后现象或者带闸运行现象，不能达到有效制动。

（6）铁芯存在剩磁的现象。在开闸时，电磁的线圈产生的对铁芯的拉力要大于弹簧力才能保证制动器的正常工作。如果在运行的时候，制动铁芯卡住，就会导致电梯溜车。

（7）检测制动器开合的微动开关被拆除或者取消其功能，不能有效检测制动器是否能正常工作。

在 2015 年及以前，由于开关的故障率较高，经常会导致电梯异常停梯，很多维保单位在安装、使用时为了降低客户投诉率，没有将微动开关接入控制系统或直接拆除。然而，这样的风险是很大的，如果制动器存在异常无法制动时，会产生严重的事故。随着 2016 年国家对新标准的执行，它的重要性变得尤为突出，而且微动开关的质量也影响电梯运行的稳定性。当开关失效时，它会造成系统开关故障，而造成电梯无法运行（图 1-17）。

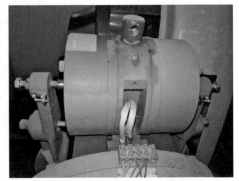

图 1-16　机械部件润滑剂和油污过多　　　　图 1-17　微动开关失效

造成微动开关失效的主要原因是：开关损坏、开关位置变化，以及开关卡死。微动开关本身有一个电气及机械寿命，当其使用次数达到其额定的寿命时，就需要更换。另外，由于开关长期受到撞击，其位置或者行程产生变化，也会导致故障的发生。

七、事故案例与分析

案例 1　深圳长虹大厦电梯挤压事故

1. 事故概况

2013 年 5 月 15 日中午 11 点半，××医院的实习医生王某某乘坐电梯下行。11 时 36 分 50 秒，电梯到达三楼，但未处于平层位置，门打开一半，王某某刚把头伸出电梯，电梯突然继续下行，她的头部被卡在电梯外，电梯最终停在负一楼。王某某因动脉破裂、大量出血当场死亡。

2. 原因分析

根据现场调查指出，电梯制动器制动力矩不足是发生本次事故的直接原因，而制动力矩不足的原因是制动鼓与制动闸瓦之间摩擦表面存在润滑油。润滑油有两个来源：一是蜗杆轴通孔端油封有渗油，电梯运行时，蜗杆轴旋转把润滑油甩到制动鼓与制动闸瓦之间的摩擦表面；二是制动器制动臂上销轴使用了过量润滑油进行润滑，并发现有油珠滴到制动鼓及制动闸瓦上。当制动鼓与制动闸瓦之间摩擦表面的润滑油积累到一定的程度，制动力矩将下降到不足以制停事故发生时的轿厢，致使轿厢失控下滑。

案例 2　杭州电梯夹人事故

1. 事故概况

20××年 7 月 30 日 10 点 15 分左右，杭州新华坊小区 18 幢发生一起电梯事故，18 幢 16 楼一名住户王某在 16 楼被夹电梯中，经消防官兵破拆营救，送杭州市红十字会医院抢救，抢救一个多小时，宣告不治。

2. 原因分析

电梯事故调查小组现场对该台事故电梯机房、井道、轿厢等进行了勘察、试验。勘察发现：电梯门锁电气联锁回路正常，无短接情况；制动器电气回路正常；制动器闸瓦明显磨损，其厚度为 5mm，为正常厚度一半；制动器铁芯间隙为 5mm，正常为 0.6mm，间隙明显偏大，该间隙增大将导致运行中制动轮闸瓦磨损；在制动状态下进行盘车试验，能很轻松向上盘动电梯，闸瓦有明显过热痕迹。王某正准备进入电梯时，突然抱闸失灵，电梯继续上行，导致王某被夹在电梯与内墙之间。

第二章

门旁路装置的试验方法

一、定义

门旁路是指门锁回路旁路，意思是短接门锁回路，以确保电梯在门锁开关故障断开的状态下，维保人员能方便通过移动轿厢进入轿顶检查排除故障或对被困轿内的乘客进行救援。概括来说，"旁路"就是并联一个通道的意思。

门旁路装置是指能实现门旁路功能，由转换开关、短接插件（插头、插座）、接口板、控制主板、辅助接触器、声光报警装置等电器元件组成的一种电气控制装置。

二、功能和作用

电梯门锁回路是指由每层层门上的门锁开关及轿门上的门锁开关串联而成的一条回路，它的作用是检测门的开启和闭合。门锁回路在电梯层门和轿门完全关闭后导通，门锁继电器吸合。在其中任何一个门开启时，对应门锁开关断开，导致门锁回路断开，门锁继电器释放，从而直接控制电梯的运行与停止。

据不完全统计，目前电梯约80%的故障都发生在门上。尤其是门锁自身的故障或受外界使用环境影响等原因，都有可能导致电梯所有层门和轿门均处于关闭状态时，某门锁开关仍出现断路的情形。也就是门锁回路不导通，电梯将停止运行。此时，维修人员就可能需要将轿厢移动到某一楼层，才能进入轿顶维修或对被困轿厢内的乘客进行救援。这往往需要花费不少的时间查看相关的线路图，准备短接线进行短接操作；这将考验维修人员的技术水平和实操能力，需要较长的维修时间；还有可能出现操作失误引发烧毁元件、线路或主板的风险；更危险的是很可能会出现由于维修人员修复电梯故障后忘记将端接线拆除，从而引发乘客坠落、剪切和挤压等严重人为事故。

因此需要一种电梯门锁的辅助电路，在门锁回路出现异常导致电梯不能运行时，由该辅助电路代替出现异常的门锁回路，使得电梯能够快速简易转换到检修运行状态，升降到某一指定的楼层进行维修或救援。这里所指的辅助电路就是层门和轿门旁路装置电路。

此前，由于对层门和轿门旁路装置不作要求，故电梯制造厂家几乎都不配备该装置。当出现以上所述故障情形时，维修人员往往需要到机房控制柜内短接门锁回路或直接短接门锁，才能移动轿厢，进而进入轿顶进行维修。但是，在机房控制柜内短接门锁回路或直接短接门锁后就容易埋下安全隐患，主要包括两方面：

（1）在机房控制柜短接门锁回路或直接短接门锁后，电梯快车慢车均能开门运行。而快车开门运行危险性极大，当电梯运行速度大于1m/s时，人的反应速度往往跟不上电梯的速度，由此可能会导致人员的剪切、挤压伤亡事故。

（2）如前面所述，当电梯维修人员维修电梯结束后，本来应该拆除的机房控制柜门锁回路的短接线或门锁上的短接线，但由于工作疏忽等原因，忘记拆除短接线。当维修人员从轿顶走出井道，将轿顶检修开关复位到正常位置时，此时电梯将马上进入返平层运行或快车运行，由此可能会导致电梯维修人员的剪切、挤压伤亡事故。

三、标准要求

根据 TSG T2007—2009《电梯监督检验与定期检验规则——曳引与强制驱动电梯》，对门旁路装置的检验内容与要求如下（表 2–1）：

表 2–1　　　　　　　　　检规对门旁路装置的检验内容与要求

项目及类别	检验内容与要求
2.8 控制柜、紧急操作和动态测试装置 B	层门和轿门旁路装置应当符合以下要求： （1）在层门和轿门旁路装置上或者其附近标明"旁路"字样，并且标明旁路装置的"旁路"状态或者"关"状态； （2）旁路时取消正常运行（包括动力操作的自动门的任何运行）；只有在检修运行或者紧急电动运行状态下，轿厢才能够运行；运行期间，轿厢上的听觉信号和轿底的闪烁灯起作用； （3）能够旁路层门关闭触点、层门门锁触点、轿门关闭触点、轿门门锁触点；不能同时旁路层门和轿门的触点；对于手动层门，不能同时旁路层门关闭触点和层门门锁触点； （4）提供独立的监控信号证实轿门处于关闭状态

四、检验工作指引

（1）目测旁路装置设置及标识。
（2）通过模拟操作检查旁路装置功能。
（3）关于"轿厢上的听觉信号和轿底的闪烁灯"，一般由安装于轿底的声光报警装置来实现（图 2−1）。

（4）区别"层门关闭触点、层门门锁触点、轿门关闭触点、轿门门锁触点"。"门锁触点"一般都安装在主门扇上，用来证实门扇锁闭状态的电气安全装置；"关闭触点"一般都安装在副门扇上，用来证实门扇与门扇之间闭合状态的电气安全装置。

（5）关于"不能同时旁路层门和轿门的触点"和"不能同时旁路层门关闭触点和层门门锁触点"，一般可以采用机械或电气互锁的方式来实现。

（6）关于"提供独立的监控信号证实轿门处于关闭状态"，一般是通过控制主板上的独立 LED 灯的点亮与熄灭两种状态来证实（图 2−2～图 2−5）。

图 2−1　旁路装置的声光报警装置

图 2−2　三菱凌云 3 主板，灯号 41 监测轿门开与闭状态

图 2−3　默耐克某型号主板，灯号 26 监测轿门开与闭状态

图 2−4　新时达某型号主板，灯号 L26 监测轿门开与闭状态

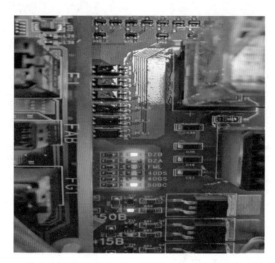

图 2-5　日立电梯某型号主板，灯号 40GS 监测轿门开与闭状态

五、结构组成

不同的电梯制造厂家，其配置的门旁路装置会略有不同，但一般可归纳为旁路开关式（转换开关式）与插头插座式两种型式。

结构上，旁路开关式（转换开关式）一般由旁路开关（转换开关）、继电器、接触器、声响信号与报警灯、控制主板等组成；插头插座式一般由短接插头、接口板（插座）、继电器、接触器、声响信号与报警灯、控制主板等组成。

六、工作原理

通过转换开关（或短接插头插件）发出主令至相关控制主板处理，对电梯门锁控制回路进行旁路，进而达到对层门或轿门门锁回路短接的目的。同时，在旁路装置作用期间，通过继电器等输出轿厢上的听觉信号与轿底的闪烁灯功能。

七、试验方法

1. 转换开关式（旁路开关式）

以三菱、蒂森、通力电梯等为代表（图 2-6～图 2-8）。

图 2-6　三菱电梯门旁路装置

图 2-7　蒂森电梯门旁路装置

图 2-8　通力电梯门旁路装置

图 2-9　三菱电梯紧急电动运行装置

试验方法 A：

以三菱电梯为例（图 2-6）。

（1）正常情况下，确保旁路装置旋钮在"正常"位置；

（2）进行层门旁路时，按照以下步骤进行操作：

1）将机房紧急电动运行开关转到"紧急电动"位置（图 2-9），或者将轿顶检修开关转到"检修"位置。

2）将旁路装置按钮转到"层门锁旁路"位置，并向下轻按旋钮，确保旋钮接触良好。

3）人为分别或同时断开层门门锁触点与层门关闭触点。

4）在机房，同时按下紧急电动运行操作盒上"↕"和"↑"按钮（图 2-9），电梯上行且轿底声光装置动作；或同时按下紧急电动运行操作盒上"↕"和"↓"

按钮，电梯下行且轿底声光装置动作；或者在轿顶，同时按下轿顶检修盒上"↕"和"↑"按钮，电梯上行且轿底声光装置动作；或同时按下轿顶检修盒上"↕"和"↓"按钮，电梯下行且轿底声光装置动作。

5）人为分别或同时断开轿门门锁触点与轿门关闭触点。

6）重复以上步骤4），电梯应不能运行。

7）完成层门旁路操作后，将旁路装置旋钮转到"正常"位置，并向下轻按旋钮，确保旋钮接触良好。

8）将机房紧急电动运行开关转到"正常"位置，或者将轿顶检修开关转到"正常"位置。

（3）进行轿门旁路时，按照以下步骤进行操作：

1）将机房紧急电动运行开关转到"紧急电动"位置（图2-9），或者将轿顶检修开关转到"检修"位置。

2）将旁路装置旋钮转到"轿门锁旁路"位置，并向下轻按旋钮，确保旋钮接触良好。

3）人为分别或同时断开轿门门锁触点与轿门关闭触点。

4）在机房，同时按下紧急电动运行操作盒上"↕"和"↑"按钮（图2-9），电梯上行且轿底声光装置动作；或同时按下紧急电动运行操作盒上"↕"和"↓"按钮，电梯下行且轿底声光装置动作；或者在轿顶，同时按下轿顶检修盒上"↕"和"↑"按钮，电梯上行且轿底声光装置动作；或同时按下轿顶检修盒上"↕"和"↓"按钮，电梯下行且轿底声光装置动作。

5）人为分别或同时断开层门门锁触点与层门关闭触点。

6）重复以上步骤4），电梯应不能运行。

7）完成轿门旁路操作后，将旁路装置旋钮转到"正常"位置，并向下轻按旋钮，确保旋钮接触良好。

8）将机房紧急电动运行开关转到"正常"位置，或者将轿顶检修开关转到"正常"位置。

（4）确认是否有效设置"提供独立的监控信号证实轿门处于关闭状态"。

试验方法B：

以蒂森电梯为例（图2-7）。

（1）层门旁路试验步骤如下：

1）将电梯呼至一楼候梯厅，确认所有乘客已经离开轿厢后，在候梯厅厅门前放置安全围栏，并在轿厢中放置安全警示牌。至机房，使用对讲机呼叫轿厢，再次确认轿厢中没有乘客后，将控制柜上紧急电动运行开关旋转到"紧急电动运行"状态。

2）将空轿厢停靠在中间楼层位置，再次确认层门、轿门闭合。

3）将门锁旁路开关切换至"层门"位置。

4）人为分别或同时断开层门门锁触点与层门关闭触点。

5）同时按下"上行"或"下行"+"安全"按钮，保持2～3s，电梯一边慢速运行，一边发出报警声。

6）按照《TKEC员工安全手册》4.2章节中"进出轿顶作业程序"的要求进行相关作业。

7）再次确认轿顶检修开关已经切换至"检修运行"模式。

8）同时按下"上行"或"下行"+"安全"按钮，保持2～3s，电梯一边慢速运行，一边发出报警声，观察轿底的闪光灯是否正常工作。

9）人为分别或同时断开轿门门锁触点与轿门关闭触点。

10）重复以上步骤5）～8），电梯应不能运行。

11）层门旁路验证完毕后，将门锁旁路开关切换至"正常"位置，同时，恢复断开的层门锁触点。

（2）轿门旁路试验步骤如下：

1）将电梯呼至一楼候梯厅，确认所有乘客已经离开轿厢后，在候梯厅厅门前放置安全围栏，并在轿厢中放置安全警示牌。至机房，使用对讲机呼叫轿厢，再次确认轿厢中没有乘客后，将控制柜上紧急电动运行开关旋转到"紧急电动运行"状态。

2）将空轿厢停靠在中间楼层位置，再次确认层门、轿门闭合。

3）将门锁旁路开关切换至"轿门"位置。

4）人为分别或同时断开轿门门锁触点与轿门关闭触点。

5）同时按下"上行"或"下行"+"安全"按钮，保持2～3s，电梯一边慢速运行，一边发出报警声。

6）按照《TKEC员工安全手册》4.2章节中"进出轿顶作业程序"的要求进行相关作业。

7）再次确认轿顶检修开关已经切换至"检修运行"模式。

8）同时按下"上行"或"下行"+"安全"按钮，保持2～3s，电梯一边慢速运行，一边发出报警声，观察轿底的闪光灯是否正常工作。

9）人为分别或同时断开层门门锁触点与层门关闭触点。

10）重复以上步骤5）～8），电梯应不能运行。

11）轿门旁路验证完毕后，将门锁旁路开关切换至"正常"位置，同时，恢复断开的轿门锁触点。

（3）确认是否有效设置"提供独立的监控信号证实轿门处于关闭状态"。

2. 插头插座式

以日立、菱王、美迪斯、迪宝尔、奥菱电梯等为代表（图2－10～图2－16）。

图 2-10 日立电梯门旁路装置（一）

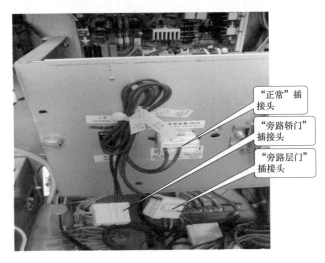

图 2-11 日立电梯门旁路装置（二）

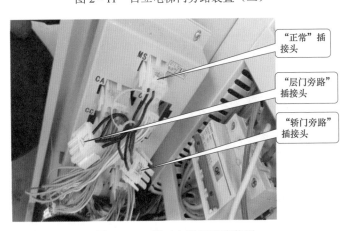

图 2-12 菱王电梯门旁路装置

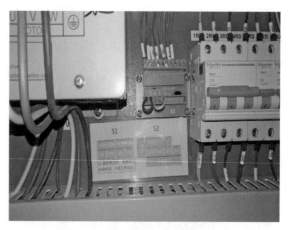

图 2-13　美迪斯电梯门旁路装置

图 2-14　迪宝尔电梯门旁路装置（默耐克系统）

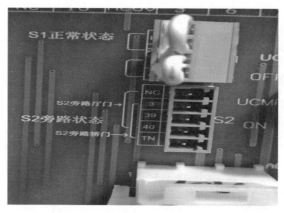

图 2-15　迪宝尔电梯门旁路装置（新时达系统）

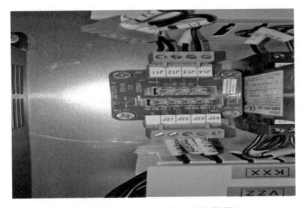

图 2-16　奥菱电梯门旁路装置

试验方法 C：

以日立电梯为例（图 2-10 和图 2-11）。

插头插座说明：

插头插座组合包括 1 个 8C MLC 插座和 3 个 8P MLC 插头，插座安装固定在活页板钣金上，插头则采用吊挂的方式固定，LCA15 安装在 IP 柜上，3 个插头分别对应"正常""旁路层门""旁路轿门"。

试验方法：

（1）当"正常"插接头插入时，表示电梯处于正常状态，能够正常运行。

（2）当电梯处于正常运行状态时，拔出"正常"插接头，运行中的电梯会急停。电梯运行模式转为"门旁路"。

（3）电梯进入轿顶检修或者底坑检修或紧急电动运行状态。

（4）在进入"门旁路"运行模式时，把"旁路层门"插头插到插座中，可以实现旁路层门开关，人为分别或同时断开层门门锁触点与层门关闭触点，能进行检修或紧急电动运行操作，确认轿底闪光报警器发出声光警示。

（5）再人为分别或同时断开轿门门锁触点与轿门关闭触点；电梯应不能进行检修或紧急电动运行操作。

（6）在进入"门旁路"运行模式时，把"旁路轿门"插头插到插座中，可以实现旁路轿门开关，人为分别或同时断开轿门门锁触点与轿门关闭触点，能进行检修或紧急电动运行操作，确认轿底闪光报警器发出声光警示。

（7）再人为分别或同时断开层门门锁触点与层门关闭触点，电梯应不能进行检修或紧急电动运行操作。

（8）旁路装置操作完毕后，把"正常"插头插回插座，否则电梯无法正常运行。

（9）确认是否有效设置"提供独立的监控信号证实轿门处于关闭状态"。

试验方法 D：

以美迪斯电梯为例（图 2-13）。

插件 S1、S2 说明：

S1：含两组短接线，正常状态：

（1）1、2 用于导通（主板 X9 信号——检修信号）（图 2-17 和图 2-18）。

（2）3、4 用于导通（主板 X23 信号——旁路信号）（图 2-17 和图 2-18）。

两组都导通时，控制系统处于正常状态；拔掉 S1 插头后系统 X23（旁路信号），X9（检修信号）有效，系统进入旁路状态，只能检修运行。

S2：为旁路门锁端子，插头插在 S2 端子且靠近 S1 端子的位置时为旁路层门锁（图 2-13）；插在远离 S1 端子位置时为旁路轿门锁（图 2-13）。当 S1 插座上插头拔出来以后，系统输入 X23 和 X9 的信号，系统进入旁路状态或检修状态，同时系统退出自动运行状态。

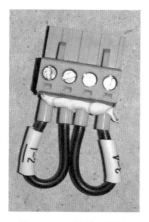
图 2-17　插件（插头）

图 2-18　默耐克某型号主板

试验方法：

当需要维护层门门锁触点、层门关闭触点时，拔出 S1 上的插头插入到 S2 插座内部相应位置，此时进入旁路状态，系统只允许检修运行或紧急电动运行。人为分别或同时断开层门门锁触点与层门关闭触点，操作轿内、轿顶或机房上行或下行按钮时，电梯进行上、下慢车运行，同时声光报警装置启发作用；再人为分别或同时断开轿门门锁触点与轿门关闭触点，操作轿内、轿顶或机房上行或下行按钮时，电梯应不能运行。

当需要维护轿门门锁触点、轿门关闭触点时，拔出 S1 上的插头插入到 S2 插座内部相应位置，此时进入旁路状态，系统只允许检修运行或紧急电动运行。人为分别或同时断开轿门门锁触点与轿门关闭触点，操作轿内、轿顶或机房上行或下行按钮时，电梯进行上、下慢车运行，同时声光报警装置启发作用；再人为分别或同时断开层门门锁触点与层门关闭触点，操作轿内、轿顶或机房上行或下行按钮时，电梯应不能运行。

最后，确认是否有效设置"提供独立的监控信号证实轿门处于关闭状态"。

八、检验检测注意事项

（1）进行层门旁路操作时，在层门打开的情况下，是可以通过检修或紧急电动功能进行轿厢的慢车运行的。尽管运行速度很低（不超过 0.63m/s），但依然存在剪切、挤压风险。故在"门旁路"运行模式下，请务必禁止打开层门进行检修或紧急电动运行。

（2）进行轿门旁路操作时，即使轿门处于旁路状态，也只有在轿门关闭的前提下，才能通过检修或紧急电动运行操作电梯运行。标准检规中要求"提供独立的监控信号证实轿门处于关闭状态"，就是出于这个目的，以确保在轿门电气安全开关失效时，通过旁路轿门进行救援，保证轿厢内乘客的安全。但层门旁路则没有此规定。

现场检验时，一般情况下可以在机房内通过控制主板进行相关的模拟操作试验。

特别说明：由于配置为手动层门的曳引或强制驱动电梯极其罕见，故对于手动层门电梯"对于手动层门，不能同时旁路层门关闭触点和层门门锁触点"的检验，请参照常见的自动门电梯的检验方法。

九、事故案例与分析

由前面分析可知，由电梯门引发的故障占电梯总故障数的 80%，因电梯门故障引发的事故更是层出不穷。例如，2005 年 1 月 19 日，泉州市某公司一名工人在曳引式载货电梯中往外搬货物时被门拖夹致死；2015 年 5 月 11 日，中山市西区某楼盘的一台新安装调试中电梯，发生调试人员被挤进轿门门头与层门门头间而致死。后经查明，主要原因都是由于电梯门锁故障，维修人员违规将门锁触点直接短接造成电梯快车运行造成的。诸如此类事故，在电梯行业中时有发生。由此可见，电梯设置门旁路装置是多么重要了！

第三章

不同结构限速器的校验方法

一、定义

限速器，顾名思义就是一种速度限制装置。它与安全钳、限速器钢丝绳及张紧装置一起构成一套完整的电梯超速安全保护装置。

二、功能和作用

限速器是用来监控轿厢或对重的运行速度，在电梯超速达到临界值时，向安全钳或上行超速保护装置的制停部件及时发出动作信号切断供电电路，使曳引机制动。如速度继续增大，将发生机械动作，并操纵安全钳或上行超速保护装置使轿厢或对重制停或减速到缓冲器允许的速度范围。限速器是速度监控和指令发出装置，安全钳和上行超速保护装置是执行装置。

由限速器、安全钳、限速器钢丝绳及张紧装置构成的超速保护系统是电梯最后的主动安全保障装置（详见限速器—安全钳联动试验）。限速器一般安装在机房或者井道顶部，个别情况下，有把限速器和张紧装置合二为一而安装在井道底部的。

三、结构及工作原理

按照不同的分类方法，限速器可以分为不同的类型。

（1）按照钢丝绳与绳槽的不同作用方式可分为摩擦（或曳引）式和夹持（或夹绳）式两种，如图3-1和图3-2所示分别是一种摩擦式限速器和一种夹持式限速器。

摩擦式限速器是当速度达到限速器的机械动作速度时，摆锤尾端的棘爪会勾进限速器绳轮的止停卡槽内，迫使限速器停止运转。此时，限速器钢丝绳依靠其与轮槽之间的摩擦力来提拉安全钳。

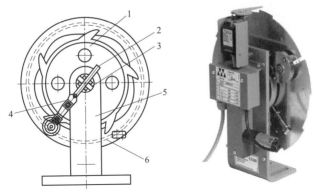

图 3-1 摆锤式限速器

1—制动凸轮；2—弹簧调节螺钉；3—轮轴；4—调速弹簧；5—支承座；6—摆杆

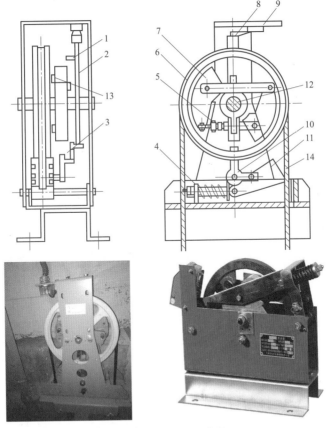

图 3-2 离心式限速器

1—开关打板碰铁；2—开关打板；3—夹绳打板碰铁；4—夹绳钳弹簧；5—离心重块弹簧；
6—限速器绳轮；7—离心重块；8—电气开关触点；9—电气开关底座；10—夹绳打板；
11—夹绳钳；12—轮轴；13—离心重块连杆；14—钢丝绳

29

第一种夹持式限速器（图 3-2 左图示，以日立 DS-8WS 型号为例），是当轿厢超速达到限速器的机械动作速度时，甩块触碰限速器机械动作的夹绳打板碰铁 3，使夹绳钳 11 掉下，实现对钢丝绳的夹持。在此过程中，绳轮一直是运转的，夹绳块的动作与钢丝绳和绳槽间的摩擦力无关。

第二种夹持式限速器（图 3-2 右图示）较为常见，当轿厢超速达到限速器的机械动作速度时，棘爪卡入棘轮，使绳轮停止运转，依靠钢丝绳与绳轮间的摩擦力，拉动夹绳块组件，使夹绳块压紧在钢丝绳上。对于这种限速器而言，在夹绳块夹持钢丝绳之前，钢丝绳与绳槽间的摩擦力能否克服夹绳块组件上的弹簧力，是使其能够实施"夹持"的关键。

夹持式限速器的钢丝绳提拉力较大，适用于速度高、载重量大的电梯。

（2）按照限速器超速不同的触发原理又可分为摆锤式（图 3-1）和离心式（图 3-2）两种限速器，其中离心式限速器又可分为垂直轴甩球式和水平轴甩块（片）式两种。摆锤式可分为上摆锤式和下摆锤式限速器。

摆锤式限速器的动作原理：限速器绳轮 1 的侧边为凸轮结构，摆杆 6 的一端为滚轮，依靠调速弹簧 4 的张力压紧在凸轮上，另一端为棘爪结构。限速器轮运转时，滚轮随着凸轮上下摆动，转动速度越快，摆动幅度越大，当摆动幅度增大到一定值时，棘爪进入绳轮的止停卡槽内，从而使限速器停止运转。在机械触发装置动作之前，限速器或其他装置上的一个电气安全保护装置也会被摆杆 6 触发，使电梯驱动主机停止运转。

离心式限速器的动作原理：通过弹簧 5 牵制的离心重块 7 在旋转中随着速度加快远离旋转中心，到达开关打板碰铁 1 的位置后使电气开关断开，切断电气安全回路。如轿厢没有停止，则其速度进一步加快，限速器的甩块继续甩开，触及限速器机械动作的夹绳打板碰铁 3，使夹绳钳 11 掉下，在限速器绳与夹绳块摩擦自锁作用下，可靠地夹住钢丝绳，使安全钳动作，将轿厢夹紧在导轨上，从而达到限速的目的。

摆锤式限速器结构简单，制造成本低，但由于受到凸轮上凸台数量的限制，其动作速度的精确度较差，最大偏差可达 0.2m/s，因此，摆锤式限速器只能用于额定速度较小的电梯。离心式限速器结构复杂，但动作速度精确度高，可用于各种速度的电梯。

四、标准要求

1. GB 7588—2003《电梯制造与安装安全规范》（含 1 号修改单）对限速器的技术要求

9.9.1 操纵轿厢安全钳的限速器的动作应发生在速度至少等于额定速度的 115%。但应小于下列各值：

a）对于除了不可脱落滚柱式以外的瞬时式安全钳为 0.8m/s；

b）对于不可脱落滚柱式瞬时式安全钳为 1m/s；

c）对于额定速度小于或等于 1m/s 的渐进式安全钳为 1.5m/s；

d）对于额定速度大于 1m/s 的渐进式安全钳为 $1.25v + 0.25v$（m/s）

注：对于额定速度大于 1m/s 的电梯，建议选用接近 d）规定的动作速度值。

9.9.2 对于额定载重量大，额定速度低的电梯，应专门为此设计限速器。

注：建议尽可能选用接近 9.9.1 所示下限值的动作速度。

9.9.3 对重（或平衡重）安全钳的限速器动作速度应大于 9.9.1 规定的轿厢安全钳的限速器动作速度，但不得超过 10%。

9.9.4 限速器动作时，限速器绳的张力不得小于以下两个值的较大值：

a）安全钳起作用所需力的两倍；

b）300N。

对于只靠摩擦力来产生张力的限速器，其槽口应：

a）经过附加的硬化处理；

b）有一个符合 M2.2.1 要求的切口槽。

9.9.5 限速器上应标明与安全钳动作相应的旋转方向。

9.9.6 限速器绳

9.9.6.1 限速器应由限速器钢丝绳驱动。

9.9.6.2 限速器绳的最小破断载荷与限速器动作时产生的限速器绳的张力有关，其安全系数不应小于 8。

对于摩擦型限速器，则宜考虑摩擦系数 $\mu_{max} = 0.2$ 时的情况。

9.9.6.3 限速器绳的公称直径不应小于 6mm。

9.9.6.4 限速器绳轮的节圆直径与绳的公称直径之比不应小于 30。

9.9.6.5 限速器绳应用张紧轮张紧，张紧轮（或其配重）应有导向装置。

9.9.6.6 在安全钳作用期间，即使制动距离大于正常值，限速器绳及其附件也应保持完整无损。

9.9.6.7 限速器绳应易于从安全钳上取下。

9.9.7 响应时间

限速器动作前的响应时间应足够短，不允许在安全钳动作前达到危险的速度（见 F3.2.4.1）。

9.9.8 可接近性

9.9.8.1 限速器应是可接近的，以便于检查和维修。

9.9.8.2 若限速器装在井道内，则应能从井道外面接近它。

9.9.8.3 当下列条件都满足时，无需符合 9.9.8.2 的要求：

a）能够从井道外用远程控制（除无线方式外）的方式来实现 9.9.9 所述的限速器动作，这种方式应不会造成限速器的意外动作，且未经授权的人不能接近远程控制的操纵装置；

b）能够从轿顶或从底坑接近限速器进行检查和维护；

c）限速器动作后，提升轿厢、对重（或平衡重）能使限速器自动复位。

如果从井道外用远程控制的方式使限速器的电气部分复位，应不会影响限速器的正常功能。

9.9.9　限速器动作的可能性

在检查或测试期间，应有可能在一个低于 9.9.1 规定的速度下通过某种安全的方式使限速器动作来使安全钳动作。

9.9.10　可调部件在调整后应加封记。

9.9.11　电气检查

9.9.11.1　在轿厢上行或下行的速度达到限速器动作速度之前，限速器或其他装置上的一个符合 14.1.2 规定的电气安全装置使电梯驱动主机停止运转。

但是，对于额定速度不大于 1m/s 的电梯，此电气安全装置最迟可在限速器达到其动作速度时起作用。

9.9.11.2　如果安全钳（见 9.8.5.2）释放后，限速器未能自动复位，则在限速器未复位时，一个符合 14.1.2 规定的电气安全装置应防止电梯的启动，但是，在 14.2.1.4 c）5）规定的情况下，此装置应不起作用。

9.9.11.3　限速器绳断裂或过分伸长，应通过一个符合 14.1.2 规定的电气安全装置的作用，使电动机停止运转。

9.9.12　限速器是安全部件，应根据 F4 的要求进行验证。

2. GB/T 31821—2015《电梯主要部件报废技术条件》对限速器的报废要求

限速器出现下列情况之一，视为达到报废技术条件：

（1）限速器轴承损坏导致限速器轮转动不灵活。

（2）限速器动作时，限速器绳的提拉力不符合 GB 7588—2003 中 9.9.4 要求。

（3）限速器电气动作速度和机械动作速度不符合 GB 7588—2003 中 9.9.1 或 9.9.3 要求。

（4）限速器座变形。

3. TSG T7001—2009《电梯监督检验和定期检验规则——曳引与强制驱动电梯》第2号修改单（表3-1）

表3-1 **TSG T7001—2009 第2号修改单**

项目及类别	检验内容与要求	检验方法
2.9 限速器 B	限速器上设有铭牌，标明制造单位名称、型号、编号、技术参数和型式试验机构的名称或者标志，铭牌和型式试验证书、调试证书内容应当相符；并且铭牌上标注的限速器动作速度与受检电梯相适应	对照检查限速器型式试验证书、调试证书和铭牌
	限速器或其他装置上设有在轿厢上行或者下行速度达到限速器动作速度之前动作的电气安全装置，以及验证限速器复位状态的电气安全装置	目测电气安全装置的设置情况
	限速器各调节部位封记完好，运转时不得出现碰擦、卡阻、转动不灵活等现象，动作正常	目测调节部位封记和限速器运转情况；结合8.4、8.5的试验结果，判断限速器动作是否正常
	受检电梯的保养单位应当每两年（对于使用年限不超过15年的限速器）或者每年（对于使用年限超过15年的限速器）进行一次限速器动作速度校验，校验结果应当符合要求	审查限速器动作速度校验记录，对照限速器铭牌上的相关参数，判断校验结果是否符合要求；对于额定速度小于3m/s的电梯，检验人员还需每2年对维保单位的校验过程进行一次现场观察、确认

补充说明：常用的限速器动作速度范围见表3-2。

表3-2 **常用的限速器动作速度范围**

额定速度/（m/s）	安全钳形式	动作速度范围/（m/s）
0.25	瞬时式（非不可脱落滚柱式）	0.29～0.80
	瞬时式（不可脱落滚柱式）	0.29～1.00
	渐进式	0.29～1.50
0.40	瞬时式（非不可脱落滚柱式）	0.46～0.80
	瞬时式（不可脱落滚柱式）	0.46～1.00
	渐进式	0.46～1.50
0.50	瞬时式（非不可脱落滚柱式）	0.58～0.80
	瞬时式（不可脱落滚柱式）	0.58～1.00
	渐进式	0.58～1.50
0.63	瞬时式（非不可脱落滚柱式）	0.73～0.80
	瞬时式（不可脱落滚柱式）	0.73～1.00
	渐进式	0.73～1.50

续表

额定速度/（m/s）	安全钳形式	动作速度范围/（m/s）
0.75		0.86～1.50
1.00		1.15～1.50
1.25		1.44～1.76
1.50		1.73～2.04
1.60		1.84～2.16
1.75		2.01～2.33
2.00		2.30～2.63
2.50	渐进式	2.88～3.23
3.00		3.45～3.83
3.50		4.03～4.45
4.00		4.60～5.06
4.50		5.18～5.68
5.00		5.75～6.30
5.50		6.33～6.92
6.00		6.90～7.54

五、动作速度校验方法

1. 以上海安而简仪器仪表有限公司 EC－LS－Ⅰ/Ⅱ 型限速器测试仪为例

（1）仪器准备工作：将调速装置接入 220V 交流电源，再把调速电机（手电钻）的插头插入调速器插座，此时调速器指示灯闪烁，每按一次红色按钮，指示灯会改变，相应的启动速度也会改变，共有三挡，分别为 0.1、1.0、3.6（m/s），调节驱动装置的启动速度，选择小于被测限速器的额定速度但又最为接近的一档。需注意的是：只有在电钻停止状态下才能按动按钮进行速度切换。

先用小螺钉把转速表和速度测试记录仪固定在一起，再把数据通信线一端插入转速表的 PULSE OUT 端口，另一端插入速度测试记录仪的脉冲端口；信号连接线插入速度测试记录仪的电气和机械端口（图 3－3），如选择自动测定机械动作速度时，机械端口可不插接信号线。

图 3-3 EC-LS-Ⅰ/Ⅱ型限速器测试仪

（2）测试前准备工作：将电梯正常运行到顶层以下二至三层的位置，然后进入检修状态，在限速器钢丝绳出入口用大力钳夹紧上行方向的钢丝绳，要确保大力钳要能被钢丝绳洞口卡住（图 3-4）。将电梯点动向上开动，待钢丝绳松动后，提起钢丝绳，查看位置距离是否足够，如能满足测试要求，用大力钳将下行方向的钢丝绳也夹紧卡死。

图 3-4 大力钳安装图

转动限速器绳轮，查看绳轮与钢丝绳是否有刮碰，如有刮碰，可将挡绳杆拆除，用扎带或细绳将钢丝绳固定在限速器的固定部件上，确保绳轮转动灵活，与钢丝绳及其他部件无任何刮碰。

断开总电源开关，退出紧急电动运行状态（如有），拆掉限速器上的电气动作检测开关护罩。

（3）将转速表和测试记录仪至于开机状态，调整转速表到线速度测试状态（m/min），且两个测试通道均为开启状态；调整速度测试记录仪，进入参数设置菜单（图 3-5），设置本次限速器测试次数；设置被测限速器绳轮的节缘直径；设置当前测试点的绳轮直径（转速表探头靠在被测绳轮边缘位置的圆周直径），部分型号没有此项参数，可不设置；设置"机械"速度为自动测定开启

35

状态（如选择关闭状态，则"机械"端口必须插接信号线，另一端的两个鳄鱼夹与外接触发开关连接，靠自身的永磁铁吸附在适当位置，用其微动开关来检测机械动作速度）。检查无误后，准备测试。

图3-5 速度测试记录仪参数设置菜单

（4）将连接电气端口的信号线另一端的两个鳄鱼夹分别夹在电气动作检测开关的两个触点上（为了安全起见，必须确保触点无电压）。将测试记录仪置于测试状态，如"电气"和"机械"速度都被锁定，可按解锁键（DEN/EDT）取消锁定，人为拨动电气动作检测开关，查看测试记录仪显示界面上的电气速度是否被锁定（如无反应，则需检查触点接触是否良好，或直接接在触点的电线上）。如"机械"速度用外接触发开关来检测，也要人为动作其微动开关，查看机械速度是否被锁定。检查确认无误后，将限速器电气动作检测开关复位，进入测试状态，准备开始测试。

（5）一人手持电钻将驱动轮靠在限速器轮上，按动手电钻开关，手电钻将从开始设定好的初速度开始匀加速转动。同时，另一人将转速表探头靠在限速器绳轮的测试点位置，等待限速器转动速度增高，直至电气开关动作，最后机械开关动作，此时限速器的动作速度测试结束，停止手电钻，移开测试仪器。

（6）单次测试结束，仪器显示界面上将显示有锁定的电气动作速度和机械动作速度，按（ENT/ON）键，保存或人工记录此次测试结果。将限速器复位后，继续下一次测试操作，如何重复上述步骤，直至设定的测试次数完成。此时会显示电气和机械动作速度的测试平均值，记录此数据。如果中途操作有误，可按（ESC/UP）键，取消对此次速度的锁定结果，并重复上述步骤进行重新测试。

（7）数据处理：如在步骤3设置过程中没有输入测试点的绳轮直径，那么测得的动作速度值应进行计算处理。方法如下：

$$v_s = v_c(D_j + D_s)/D_c$$

式中　　v_s——限速器实际动作速度；

　　　　v_c——限速器动作测量速度；

　　　　D_j——限速器绳轮节圆直径；

　　　　D_s——限速器钢丝绳直径；

　　　　D_c——限速器绳轮测量点直径。

其中，D_j、D_s、D_c三个参数需要用游标卡尺和钢直尺进行现场测量。

2. 以武汉嘉仪通科技有限公司 GET－201A 型限速器测试仪为例

（1）仪器准备工作：插入电源线并接通 220V 交流电源，然后打开控制面板电源开关，自动进入主界面。按"设置"键进入设置界面（图 3－6），分别设置"周长""打印""时间""速度"四个参数。其中，周长是指限速器绳轮的节圆直径，速度是指测试仪的初始速度，通常设置为待测电梯的额定速度。设置完成后退出设置界面，准备进行测试。

图 3－6 GET－201A
测试仪主界面

（2）测试前准备工作：同五、1.中步骤（2）的操作方法。

（3）取出电机，将连接电机的插头插入"电机驱动"插座内；将连接霍尔传感器和电气触点线的插头插入"机械与电气动作"插座。电气触点线的鳄鱼夹夹在限速器的电气开关两线上。霍尔传感器有磁极性要求，通电后取仪器配的小磁铁水平靠近传感器，当有一面靠近时，霍尔传感器指示灯点亮，此面视为正面。将该磁铁反面贴在限速器的轮盘上，把霍尔传感器支架底座靠磁力贴附于限速器侧边，高度控制在刚好使传感器能检测到限速器轮盘上磁铁的正面（反面时感应指示灯不亮）即可（图 3－7）。

图 3－7 霍尔元件安装示意图

（4）动作速度测试：当准备工作完成后，可按测试键进入测试状态（图 3－8）。此时将电机的聚氨酯轮紧密接触到限速器的绳轮外缘。如果电机运转方向不是待测试方向（限速器轮盘的旋转方向是电梯下行的方向），可按控制面板"设置"键，更换电机转向为"正转"或"反转"。电机反向启动后，重新将电机的聚氨酯轮紧密接触到限速器的绳轮外缘，待加速到预先

图 3－8 GET－201A 测试速度数据显示界面

设置的启动速度后，再次按"测试"键，电机开始加速运转，直至限速器动作。此时电机会自动停止运转，仪器将会显示并打印出机械和电气的动作速度值。

（5）重复测量三次，取平均值，即为该限速器的动作速度值。

3. 日立 BDS-8WS1G 型及 DS-8WS 型限速器的速度校验

图 3-9（a）为 BDS-8WS1G 型限速器，图 3-9（b）为 DS-8WS 型限速器。这两种限速器的夹绳块与夹绳钳位于限速器钢丝绳的出入口处，如采用前述的方法进行校验，则大力钳与夹绳钳、夹绳块相互干涉，不能安全可靠地将钢丝绳提起和放松，因此需要采用其他方式进行测试。

针对该类限速器，下面介绍一种非标准校验测试方法。

(a)　　　　　　(b)

图 3-9　日立限速器示例

（1）将电梯开至最顶层往下一到两层的位置，其中一人进入轿顶进行准备工作。在轿顶将限速器钢丝绳与安全钳拉杆的连接销轴拆掉（图 3-10），使限速器钢丝绳可以在绳端固定装置的自重作用下拖动限速器绳轮自由转动，并断开电梯总电源开关。

(a)　　　　　　(b)

图 3-10　安全钳拉杆的连接销轴

（2）另一人使用上海安而简仪器仪表有限公司 EC－LS－I/II 型限速器测试仪的转速表和速度测试记录仪进行测试（武汉嘉仪通科技有限公司 GET－201A 型限速器测试仪不适用），具体操作流程同五、1. 中步骤（3）和（4）。

（3）将限速器钢丝绳固定端提拉至轿顶基本登高的位置，待另一人将测试仪器准备就绪后，放松限速器钢丝绳，让其自由滑落，直至限速器电气开关与机械装置动作。本次测试完成。

（4）如需继续测试，可在轿顶拉动上方向钢丝绳，使限速器机械装置复位，并将限速器电气开关复位，准备下次测试。

（5）测试完成后数据的处理同五、1. 中步骤（7）。

六、检验测试注意事项

（1）限速器绳轮节圆直径关系到限速器动作速度测量的准确性，要准确测定。节圆周长测量方法如下（现场难以直径测量）：

1）先用细绳绕限速器钢丝绳槽底一周，再用尺子测出所用绳长 L_1（即测出限速器绳轮内周长 L_1）；

2）测量限速器钢丝绳的直径 D_s；

3）节圆直径 $D_j = L_1/\pi + D_s$（$\pi = 3.14$）；

4）限速器绳轮测量点直径 D_c 也可采用上述方法进行测算。

当限速器铭牌上已经标出节圆直径 D，则无需在测量。

（2）如现场测试结果不符合标准要求，要由具有限速器校验资质的人员的进行校准，经校正测试无误后，对于调整部位应重新加装铅封或标记。

（3）测试完成后将电梯恢复正常的过程中，要先松开固定下方向钢丝绳的大力钳，将钢丝绳放入限速器绳槽后，接通电梯电源，以检修速度电动向下开动电梯，待上方向的钢丝绳张紧，大力钳松动后，再取下上方向的大力钳。不能同时将两个大力钳一起松开，否则可能造成安全钳误动作、限速器钢丝绳固定端损坏等危害。

七、事故案例与分析

案例 1　2011 年 9 月 9 日凌晨，东莞南城鸿福广场一电梯从 19 楼进入 21 名乘客（该梯额定载重量 1000kg，13 人），电梯下降到显示 7 楼时停顿约 1s 后，然后下滑到负一楼。电梯轿厢蹲底停止运行，同时对重架冲顶，对重块固定螺栓脱落，其中一块对重块跌到轿厢顶，碎片跌入轿厢造成 12 人受伤。经调查：电梯超载保护失效，致使电梯超速运行，由于超速致电梯限速器电气开关动作，制动器动作致电梯在 7 楼短暂减速。由于严重超载，制动器未能刹停，轿厢继续下滑，但限速器滚轮和夹绳块缺失，导致超速以后，限速器无法通过夹绳块夹紧限速器钢丝绳使安全钳动作来制停轿厢。

案例 2 2013 年 3 月 2 日晚 8 时左右，香港北角英皇道一酒楼电梯搭载 7 名乘客从地下室升到 2 楼附近时，4 条悬挂钢丝绳突然全部断裂，致使轿厢坠落至地坑，造成三人重伤，4 人轻伤。事故中由于限速器缺乏保养，未能有效动作，导致安全钳没有启动，从而造成了事故范围扩大。

第四章

接地的检验方法

一、相关定义

（1）中性导体（N）neutral conductor（symbol N）

连接到系统中性点上并能提供传输电能的导体。

（2）保护导体（PE）protective conductor（symbol PE）

用于在故障情况下防止电击所采用保护措施的导体。

（3）接地 grounded

将电力系统或建筑物电气装置、设施、过电压保护装置用接地线与接地极连接。

（4）接地电阻 ground resistance

接地阻抗的实部，工频时为工频接地电阻。

（5）保护接地 protective earthing

为安全目的在设备、装置或系统上设置的一点或多点接地。

（6）系统接地 system earthing

系统电源侧某一点（通常是中性点）的接地。

二、功能和作用

接地系统是为保证电梯设备正常工作和人身安全而采取的一种用电安全措施。接地通过接地装置来实现。接地装置将电梯设备上可能产生的工作电流、漏电流、静电荷以及雷电流等引入地下，从而避免人身触电和可能发生的火灾、爆炸以及电磁干扰等。

1. 接地的种类

接地系统的种类有信号接地、安全接地保护、防雷接地保护等。

（1）信号接地：用来消除静电场、电磁场对人体的危害并防止电磁场对通信和信号的干扰。

（2）安全接地保护：把电梯设备的金属外壳接地，以防止绝缘损坏时金属外壳上存在电压危及人身安全。

（3）防雷接地保护：用来泄放避雷器的雷电流，降低其上的电位，从而保证电梯设备和人身安全，防止火灾和爆炸事故。

要使电梯能正常、稳定地工作，必须处理好等电位点的接地问题，这类接地称为系统接地。

2. 接地的作用

接地装置在安全方面占有很重要的地位，它的作用体现在以下三个方面：

（1）防止触电。电气设备通过接地装置接地后，使电气设备的电位接近地电位。电梯的接地电阻越大，发生故障时人触电的危险性也越大。因此，如果不设置接地装置或者接地装置接触不良导致接地电阻过大，漏电时电梯设备外壳电压就和相线对地电压相同，对电梯维保人员、检验人员、管理人员和使用人员的威胁就越大。

（2）保护电梯电气系统的正常运行。供电系统三相线的中线点经常要求良好接地，且接地电阻要求很小，其目的就是使电动机的中性点与地之间的相位接近于零。电梯配电系统无法避免相线碰壳或相线断裂后碰地，如果中性点对地绝缘，会使其他两相的对地电压升高到 1.732 倍的相电压（即线电压380V），容易使电气设备烧坏，而中性点接地的系统，即使一相与地短路，另外两相仍然接近相电压，故其他两相的电气设备不会损坏。

（3）抑制外部干扰。为了对电气设备进行保护，抑制外部电磁干扰的影响以及电子设备向外发射电磁干扰（即电磁兼容性的要求），一般都采用屏蔽层、屏蔽体，这些屏蔽装置都必须良好接地才能起到应有的屏蔽作用。这种接地应与保护线、防雷装置作等电位联结，这样才能使外界干扰对电子设备的影响降到最低（法拉第笼的屏蔽作用），这种接地又称屏蔽接地。

三、结构及工作原理

1. 接地系统简介及电梯适用性分析

供电系统中电气设备的接地型式分为三种，即 IT 系统、TT 系统和 TN（包括 TN－C、TN－S、TN－C－S 三种）系统。

根据国际电工委员会标准：IEC 60364—1：2005 规定，不同接地型式代号中字母的含意为：

第 1 个字母——电源系统对地的关系，表示如下：

T——某点对地直接连接；

I——所有的带电部分与地隔离；或某点通过高阻抗接地。

第 2 个字母——装置的外露可导电部分对地的关系，表示如下：

T——外露可导电部分与地直接做电气连接，它与系统电源的任何一点的接地无任何连接；

N——外露可导电部分与电源系统的接地点直接做电气连接（在交流系统中，电源系统的接地点通常是中性点，或者如果没有可连接的中性点，则与一个相导体连接）。

后续的字母——N 与 PE 的配置，表示如下：

S——将与 N 或被接地的导体（在交流系统中是被接地的相导体）分离的导体作为 PE；

C——N 和 PE 功能合并在一根导体中（PEN）。

（1）IT 系统。IT 系统的电源部分不接地或通过阻抗接地，电气设备的外露导电部分通过接地线（以符号 PE 表示直接接至接地极，接地极接地电阻一般不大于 4Ω，接地极的接地与供电电源系统的接地在电气上无关（图 4−1），属三相三线制。在电网电压 380V 不接地系统中，接地电流一般不大于 1A。电气设备金属外壳漏电部分的对地电压是小于等于 1A 的接地电流与小于等于 4Ω 的保护接地电阻的乘积，不会超过安全特低电压（交流有效值不大于 50V），不可能发生触电伤亡事故，是安全的。但在 IT 系统中，当出现导线绝缘被破坏等原因造成一相接地时，另两相对地电压将升高到接近线电压 380V，完全失去不接地电网单相触电危险性小的优越性，还可能损坏电气设备的绝缘，产生电火花引起火灾等二次灾害。而且，IT 系统主要适用于 10kV 及 10kV 以下的高压和矿山井下低压不接地电网，而安装电梯的主要场所——地面建筑物的低压配电系统中，绝大部分都采用星形接法的中性点直接接地供电。因此，电梯不宜采用 IT 保护系统。

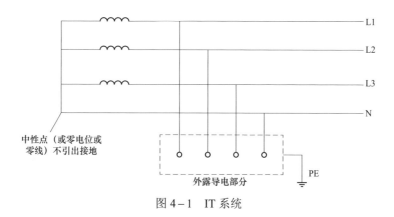

图 4−1　IT 系统

（2）TT 系统。TT 系统的电源有一点直接接地，电气设备的外露导电部分通过接地线 PE 直接接地，接地极的接地与供电电源系统的接地在电气上无关（图 4-2）。在 TT 系统中，一旦电气设备绝缘被破坏发生接地故障时，供电电源通过电源中性点接地电阻 R_0 和与电气设备外露导电部分相连接的接地极的接地电阻 R_d 构成回路，产生单相接地短路电流 I_d（图 4-3）。

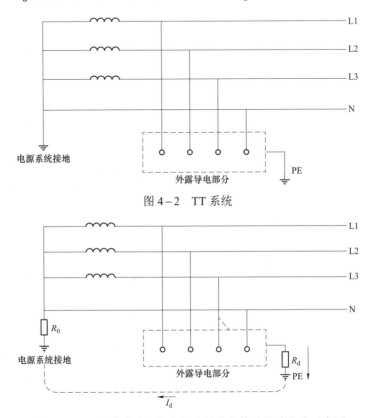

图 4-2　TT 系统

图 4-3　TT 系统中电气设备漏电后单相接地短路电流示意图

在《工业与民用电力装置的接地设计规范》与《电气装置安装工程施工及验收规范》中都规定，电源中性点接地电阻不宜大于 4Ω；当供电变压器等电力设备容量不超过 100kVA 时，接地电阻允许不超过 10Ω，因此 R_0 和 R_d 可按 10Ω 考虑。当供电电源为 380/220V 时，$I_d = U/（R_0 + R_d）= 220/（10 + 10）\,\Omega = 11A$，式中 U 为供电电源的相电压，此时为 220V。在图 4-3 所示的例子中，电气设备外露导电部分的对地电压为：$U_d = I_d \cdot R_d = 11 \times 10V = 110V$；同理可以计算出工作零线 N 的对地电压也为 110V。虽然同中性点不接地相比较，漏电设备上的对地电压有所降低，但仍是安全特低电压 50V 的 2.2 倍，而且增加了工作零线触电的危险。另外，由于短路电流较小，能与之相适应的过电流保护装置十分有限，一般的过电流保护装置不起作用，不能及时切断电源，使故障状态长时间延续下去，这是十分危险的。只有在采用其他防止间接接触电击的措施确有困难且土壤电阻率较低，并应保证工作零线没有触电危险的情况下，才能考虑 TT 系统，因此电梯也不宜采用 TT 保护系统。

（3）TN 系统。TN 系统的电源有一点直接接地，电气设备外露导电部分通过保护导体（或称保护零线，即接地线，以符号 PE 表示）与电源接地点相连接。在 TN 系统中，当某相带电部分碰及电气设备外露电部分时，短路电流能使线路上的过电流保护装置迅速动作，从而使故障部分断开电源，消除危险。根据中性导体（或称工作零线，以符号 N 表示）和保护导体 PE 的组合情况，TN 系统又分为以下三种形式。

1）TN－S 系统。整个系统的中性导体和保护导体是分开的，这种系统即三相五线制系统（图 4－4）。该系统中工作零线 N 在电气设备处与地绝缘，也不与电气设备外露导电部分连接，而保护零线 PE 与电气设备外露导电部分连接。因此，这种系统中接零电气设备外露导电部分的对地电位，正常时为零电位，不会对电子设备产生干扰。国家标准 GB 7588—2003《电梯制造与安装安全规范》第 13.1.5 条规定："零线和接地线应始终分开"就是要求电梯零线和接地线至少应在进入机房起始终保持分开，其接地形式可根据供电系统采用 TN－S 或 TN－C－S 系统。

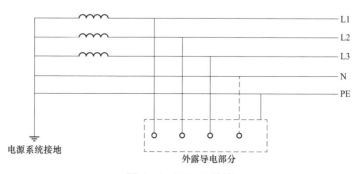

图 4－4　TN－S 系统

要达到零线与接地线始终分开的目的，就必须从低压配电室的变压器开始引出 5 根导线接至电梯机房的配电设施。其中，一根为工作零线 N，一根为保护零线 PE。由于电梯 220V 供电电路包括照明电路，因此，工作零线 N 引到电梯机房后不得接地，也不得与电气设备的外露导电部分相连接，与地应是绝缘的。保护零线 PE 与电梯电气设备所有外露导电部分，以及为了防止触电应该接地的所有部位均应进行电气连接。

2）TN-C 系统。整个系统的中性线和保护线为同一根导线（图 4-5），该导体称为保护中性导体（以符号 PEN 表示），这是我国以往常用的三相四线制保护系统。PEN 线实际是将 N 线（中性线）和 PE 线（接地保护线）合二为一，将电气设备外露可导电部分与 PEN 线相连，当发生设备外露可导电部分带电时，电流从 PEN 线回到变压器中性点，构成故障回路。但 PEN 线在系统三相不平衡和只有单相用电器工作时，会有电流通过，并对地产生一定电压，该电压将会反馈到正常运行的接 PEN 线的设备外露可导电部分，存在人员触电危险。

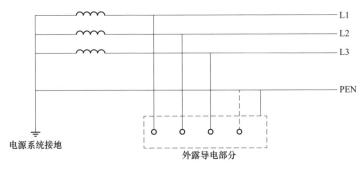

图 4-5　TN-C 系统

当电梯电气设备采用 TN-C 保护系统且三相电流不平衡时，会在保护中性导体 PEN 上及电气设备外露可导电部分产生对地电压，不仅会使工作人员产生危险，而且会导致微弱电信号控制（微机控制）电梯运行不稳定，甚至产生误动作。此时电梯控制设备外露导电部分即使设置防止干扰的接地装置，也不能消除保护中性导体 PEN 以及电气设备外露导电部分的电压降，即不能消除由此产生的干扰。因此，电梯也不宜采用 TN-C 保护系统。

3）TN-C-S 系统。TN-C-S 系统如图 4-6 所示，一部分中性导体与保护导体是合一的，即 TN-C 系统；另一部分中性导体与保护导体是分开的，即 TN-S 系统。对一般垂直曳引式电梯，若电梯机房至楼房底层低压配电室这段距离未给出专用保护零线，只给出三相四线制，保护导体同中性导体公用（即只有保护中性导体 PEN），而入机房后又将其分成工作零线 N 和保护零线 PE，根据国家标准 GB/T 10060—2011《电梯安装验收规范》第 5.1.5.1 条关于"电梯供电的中性导体（N，零线）和保护导体（PE，地线）应始终分开"的规定，电梯采用 TN-C-S 系统也是允许的，但必须将电梯电气设备外露导电部分与 TN-C-S 系统的保护零线 PE 相连接。采用 TN-C-S 系统时，自低压配电室至机房的保护中性导体 PEN 必须满足一定的线径要求，采用铜芯线时铜芯截面不得小于 10mm²，采用铝芯线时铝芯截面不得小于 16mm²，以免保护中性导体 PEN 断线且电气设备绝缘破坏时外露导电部分呈现相电压而引起危险。

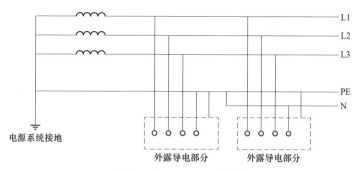

图 4-6　TN-C-S 系统

在 TN 系统中，当接零设备出现漏电，或保护零线意外断线时，保护零线及电气设备的外露导电部分均会呈现危险的对地电压。因此，在实施过程中还应注意满足以下要求：

一是系统中所装设的过电流保护装置（熔断器和断路器），应保证保护零线或电气设备外露导电部分意外带电时，能在规定时间内切断故障电流。

二是电梯施工技术人员应对系统中的保护零线 PE 按《工业与民用电力装置的接地设计规范》的规定重复接地，并应进一步贯彻国际电气标准中的等电位联结思想，将保护导体与建筑物的金属结构以及允许用作保护零线的金属管道作基本等电位联结，基本等电位联结线的截面不得小于 $6mm^2$，使得保护接地的可靠性进一步提高。如果保护零线 PE 已在引入安装电梯的建筑物处重复接地，或距其他接地点（包括中性点接地点）不足 50m 时，保护零线 PE 的重复接地可借用该接地体在电梯处可不必再单设接地体进行重复接地。

三是必须严格执行国家标准 GB/T 10060—2011 第 5.1.5.1 条关于"接地线应采用黄绿双色绝缘电线分别直接接至接地端上，不应互相串接后再接地"的规定，以保证保护接地线电气连接的准确性和可靠性。

2. 接地保护的原理

上文已介绍，电梯的接地系统常用 TN 系统，因此在此只讨论 TN 系统的接地原理。下面以 TN-S 进行讨论。

如图 4-7 所示，整个 TN-S 接地系统的中性线与保护线是分开的。一个基本的事实是电总会流回电源的，TN-S 接地装置可使得故障电流直接通过保护线（即 PE 线）流回电源。按 GB 14050—2008《系统接地的型式及安全技术要求》的定义"TN 系统：电源端有一点直接接地，电气装置的外露可导电部分通过保护中性导体或保护导体连接到此接地点"，亦即电气设备金属部分通过专用导线连接到电源的接地极（而非接零），则可以使得带电的金属部分、系统中性点和中性点所连接的"地"三者之间近似处于等电位。当某一相绝缘损坏，使电气设备金属部分带电时，造成短路故障电流很大，使得保护装置能够迅速动作而切断电源，从而避免触电事故的发生。

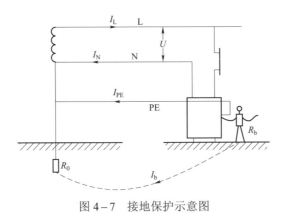

图 4-7　接地保护示意图

3. 注意事项

（1）"保护零线"和"工作零线"的区别。保护接零的"零线"指的是保护零线（PE 线），应与工作零线（N 线）相区分（在 TN-C 系统中保护零线和工作零线合一）。保护零线和工作零线虽然都连接着电源的中性点，但有实质性区别：工作零线的连接是用来传输电能的，在三相负载不平衡时是有电流通过的；保护零线是专门起保护作用的导线，在三相负载不平衡时没有电流通过。

（2）"零线的重复接地"的误读。由于 GB/T 50065—2011《交流电气装置的接地设计规范》推荐低压电力系统多采用 TN-C 系统，根据其相关规定，有"零线应重复接地"的提法，故会有负荷侧零线统统重复接地的错误要求。事实上需要重复接地的是 TN-C 系统、TN-C-S 系统"保护零线和工作零线合一的导线"和 TN-S 系统的"保护零线"，并非凡是"零线"就统统需要重复接地。

（3）"保护接地"的实现保护原理。适用于中性点不接地或经过阻抗接地的 IT 系统。如图 4-8 所示，当某一相绝缘损坏使金属部分带电时，金属部分对地电位升高，此时只需要把电气设备的金属部分用导线与大地可靠连接起来（称为直接接地），使得二者近似处于等电位。当人体触及电气设备的金属部分时，其手脚之间电位差（即接触电压）很小，就可以实现等电位保护。

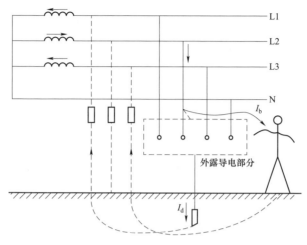

图 4-8 IT 接地保护示意图

　　保护接地不适用于 TN 系统中，是因为当某一相绝缘损坏使金属部分带电时，系统中性点和电气设备的金属部分对地电位都升高，此时采用"保护接地"不足以实现等电位保护。TN 系统保护如图 4-9 所示。

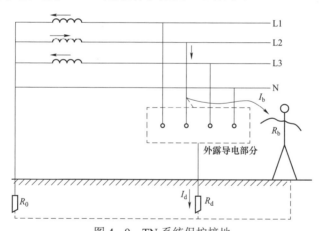

图 4-9 TN 系统保护接地

以上保护接地示意图可以简化为图 4-10。

　　此时流经人体上的电流 $I_b = \dfrac{\dfrac{\dfrac{R_b R_d}{R_b + R_d}}{R_0 + \dfrac{R_b R_d}{R_b + R_d}}}{R_b} U = \dfrac{R_d}{R_0 R_b + R_0 R_d + R_b R_d} U$

式中　U——电源电压，一般为 220V；

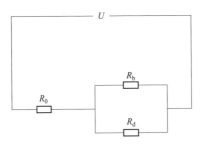

图 4-10 TN 系统保护接地简化图

R_0——电源中性点的工作接地电阻，一般为 4Ω；

R_b——人体及人脚与地面间的接地电阻，一般为 1500Ω；

R_d——增设的接地电阻，不宜超过 4Ω，此处取 4Ω。

代入上式可以得 $I_b = 0.073A$。可见流经人体的电流远大于安全电流 30mA，不能保证人体安全。此时接地系统为 TT 系统，为避免出现上述触电，应加装漏电保护器。

从形式上看，"保护接零"和"保护接地"都是电气设备金属部分接地的保护措施（只不过一个是直接接地，另一个是通过专用导线接地）；从实质上看，"保护接零"和"保护接地"都是等电位保护措施。因此可以将他们归结为同一类型的保护措施。事实上，目前大多数相关国家标准都已经摒弃了"保护接零"的概念，将它们都归结为统一的保护接地概念。

4. 哪些电梯部件需要接地

根据 GB/T 50065—2011《交流电气装置的接地设计规范》，设备的下列部分应接地：

（1）有效接地系统中部分变压器的中性点。

（2）电机、变压器和高压电器等的底座和外壳。

（3）封闭母线的外壳和变压器、开关柜等的金属母线槽。

（4）配电、控制和保护用的屏（柜、箱）等的金属框架。

（5）靠近带电部分的金属围栏和金属门。

（6）电力电缆接线盒、终端盒的外壳，电力电缆的金属护套或屏蔽层，穿线的钢管和电缆桥架等。

（7）电气传动装置。

对照此规范，电梯的电气装置，其接地系统主要是指机房控制柜、主机、限速器、轿厢、层门及外呼盒、导轨等重要部件与接地装置的连接系统，这些部件的接地线通常都是直接与机房的接地总线（PE 线）相连接，属于"接地保护"的形式。

四、标准要求及解读

1.《电梯监督检验和定期检验规则——曳引与强制驱动电梯》（TSG T7001—2009）中的要求及解读

（1）供电电源自进入机房（机器设备间）起，中性导体（N，零线）与保护导体（PE，地线）应当始终分开。

（2）所有电气设备及线管、线槽的外露可以导电部分应当与保护导体（PE，地线）可靠连接。

解读：

（1）是要求电梯的工作零线（中性线）引入电梯机房后不得接地，不得连接电气设备所有外露部分，工作零线与地之间都是绝缘的。

电梯的零线和接地线必须分开，不能采用接零保护代替接地保护。如果接零前端导线出现断裂，会造成所有接零外壳上出现危险的对地电压。如果零线和接地线不分开，电梯的电气设备采用 TN－C 接地系统，工作零线和保护零线合用一根导线，此时三相不平衡、电梯单相工作电流都会在零线上及接零设备外壳上产生电压降，不但会对电梯的控制系统带来干扰，严重的时候可能导致工作人员产生电麻感甚至触电。

（2）是要求所有的电气设备、线管、线槽的外露部分都必须与保护零线可靠接触。各设备之间不能串接，必须分别接到地线的接线桩上，目的是防止串接后地线出现断路的情况下，设备外壳带电而发生危险。

2. GB 7588—2003《电梯制造与安装安全规范》中的要求及解读

14.1.1.3　如果电路接地或接触金属构件而造成接地，该电路中的电气安全装置应：

（1）使电梯驱动主机立即停止运转；或

（2）在第一次正常停止运转后，防止电梯驱动主机再启动。

恢复电梯运行只能通过手动复位。

解读： 从"2.接地的功能和作用"的相关介绍可以确定，电路必须设有接地保护，当电路发生接地故障时，应能将电梯立即停止。如果能够确定接地故障不会立即使电梯系统出现危险故障，则可以在第一次正常停止运转后，防止电梯驱动主机再启动。而且，为保证电梯系统再次投入使用时，接地故障已被排除，要求如果由于电路接地而造成电梯停梯，则恢复电梯运行只能采用手动复位形式。

关于本条，CEN/TC10 有如下解释单：

问　题
我们认为，如果在控制回路的接触器和接地分支之间装有触点，而这些触点既非安全触点也不属于安全回路中的触点，则它仍然满足标准要求。 　因为在上例中即使是由于偶然的接地故障导致电梯意外移动，则该启动不管是在正常状态（运行依赖电气安全装置的接通）还是在检修运行状态，都不会导致电梯危险故障。
解释
是的

3. GB/T 10060—2011《电梯安装验收规范》中的要求及解读

5.1.5.1　电梯动力线路与控制线路宜分离铺设或采取屏蔽措施。除了36V及以下安全电压外的电气设备金属罩壳均应设有易于识别的接地端，且应有良好的接地。接地线应采用黄绿双色绝缘电线分别直接接至接地端上，不应互相串接后再接地。

电梯供电的中性导体（N，零线）和保护导体（PE，地线）应始终分开。

解读：电梯动力与控制信号线路应分离敷设。对于屏蔽动力电源线允许与控制线路一起敷设，但两者需相距 100mm 以上。接地线应采用黄绿双色绝缘电线，不能随意混用。电梯外露可导电部分应分别直接接到配电柜的接地端子上，不得串联后再连接，后者是很危险的，因为一旦前面设备所连接的 PE 线松动或者断掉，后面所连接的设备都将得不到保护，这也是不符合规范的。由于高层电梯层门数太多，如按照规范要求，每个层站都用一根导线与配电柜的接地端子相连，在实际中往往无法按照要求接线，但是，所有设备的保护线应当至少分别直接接于保护线干线，且其接地电阻值不得大于4Ω。

五、检验方法

1. 《电梯监督检验和定期检验规则——曳引与强制驱动电梯》（TSG T7001—2009）中检验方法

目测中性导体与保护导体的设置情况，以及电气设备及线管、线槽的外露可以导电部分与保护导体的连接情况，必要时测量验证。

具体理解如下：

从第一条可知，系统是 TN－C 或 TN－C－S 接地系统，检查方法如下：首先是目测，在电梯机房打开主电源开关柜，查看是否有五根进线，除了三根相线外，还应有浅蓝色的中性线 N（即零线）和黄绿相间的保护线 PE。其次可以通过万用表进行测量判断。具体方法是：

（1）将主电源断开，在进线端断开中性线 N。

（2）用万用表测量进线端中性线 N 和地线 PE 之间是否连通，如联通说明该电梯采用 TN－C 或 TN－C－S 系统。

（3）再用万用表测量出线端中性线 N 和地线 PE 之间是否连通，如不连通说明中性线 N 和保护线 PE 始终分开。

对于第二条的检查同样有目测和测量两种方法：首先目测，查看所有（包括电气设备及线管、线槽的外露可以导电部分）的保护线 PE 是否有断线和明显松动。至于是否连接可靠，可以使用万用表测量判断：将万用表归零，选用低压电阻挡 RX1Ω挡，让万用表的一支表笔可靠接触到保护线 PE 的接地端子上，另一支表笔接触到设备的可导电部分，若测量结果小于 0.5Ω，说明可导电部分与保护线 PE 连接是可靠的。

　　2. 其他方法

　　TSG T7001—2009 中没有接地电阻值的具体测量方法和数据要求，但在旧版检规中不但有接地电阻值（不大于 0.5Ω）的要求，还有具体的测量方法。除用万用表电阻挡测量外，还可以参考以下两种方法：

　　（1）摇表测量法。摇表上有 E、P、C 三个接线柱，测量时分别接被测接地体、电压极、电流极。以大约 120r/min 的速度转动发电机手柄，即可产生 110～115Hz 的交流电，沿被测接地体和电流极构成回路。转动调节盘，使指针停留在"0"处。调节盘上的刻度值即是被测接地体的接地电阻值。

　　测量时接地极的布置如图 4－11 所示。直线排列时 $S_Y = 20m$，$S_L = 40m$。扇形排列时，$S_Y = S_L = 20m$，其夹角以 29° 为宜。当接地体构成网络时，S_Y 应大于网络对角线长度 D 的 3～5 倍。现在也不用手摇表，而是用接地电阻测量仪测量的，测量时电极间的距离只需 3～10m，按下工作按钮即显示接地电阻值。

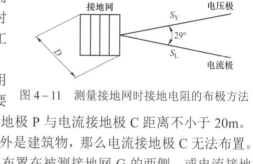

　　（2）接地电阻测量仪测量法。用接地电阻测量仪测量接地电阻时，要

图 4－11　测量接地网时接地电阻的布极方法

采用 20～40m 的布极方法。电压接地极 P 与电流接地极 C 距离不小于 20m。如电流接地极 C 距电压接地极 P 以外是建筑物，那么电流接地极 C 无法布置。电流接地极 C 和电压接地极 P 可以布置在被测接地网 G 的两侧；或电流接地极 C 和电压接地极 P、被测接地网 G 三者成三角形，每边长为 20m，如图 4－12 所示。

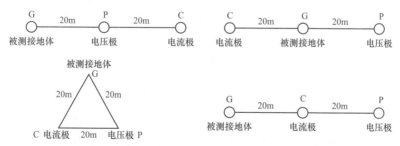

图 4－12　测量单根接地极的接地电阻和布极方法

　　当被测接地网 G 的周围都是沥青或混凝土路面时，可将两块平整钢板

（250mm×250mm）放在路面上，中间浇水。测试夹夹在钢板上。也可以在路面上放一能存住水的布质物料，带水的布质物料裹住辅助接地极；也可以采用在路面上堆沙浇水的方法，辅助接地极放在沙堆的水坑中。

六、检验中常见不规范现象

1. 未统一接保护线 PE

在检验过程中，尤其是在新安装电梯监督检验时，发现很多电梯由于受现场供电条件的限制而采用临时供电，它们进入机房后零线和地线不分开。有的当保护线接到配电柜后，某些部件如曳引机、轿厢、层门、限速器等未全部接保护线，只将其中部分连接到保护线（图4-13）。还有些情况是有的接保护线有的接零线（图4-14），这些都是不符合标准要求的。

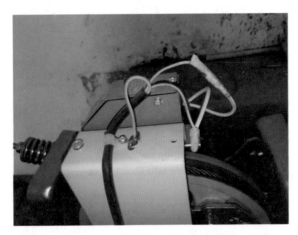

图4-13　限速器金属外壳未接地

图4-14　进线端保护线接零

2. 采用串接保护

GB/T 10060—2011《电梯安装验收规范》5.1.5.1 中提到：“接地线应采用黄绿双色绝缘电线分别直接接至接地端上，不应互相串接后再接地。”检验中经常发现有些电梯安装单位将曳引机、限速器、层门等易于意外带电的外壳串联后，再接到配电柜的保护线端子上，这是错误接法，如图 4-15 所示。这是因为如果其中某个部件的保护线断开，则后面所有部件均失去接地保护，造成很大安全隐患。按规定，机房内各个独立的电气设备都应直接接到配电柜的接地端子上（也就是保护线 PE）。

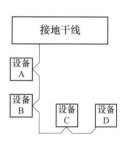

图 4-15　电器设备保护线错误连接法

3. 连接不可靠

检验中发现，有些部件接地保护线存在连接不可靠情况，如图 4-16～图 4-18 所示。例如固定螺栓已经松脱，或是脱落，失去其应有的紧固作用；保护线连接不可靠，容易造成回路阻抗增大，影响保护装置动作时间；还有些保护线分布在很容易触碰的地方，即使安装了防松螺栓，仍然存在松脱或者脱落的风险。

图 4-16　保护线连接不可靠

图 4-17　接地端子接触面有油漆

图 4-18　保护线连接不可靠

七、事故案例与分析

2016 年 3 月 19 日，某市一台上海中迅赛勒瓦品牌电梯因当日空气环境湿度较高，造成电梯门联锁回路对"地"短路，从而开门走梯导致一名乘客因剪切造成死亡。

2017 年 10 月，某特检机构对某小区电梯进行检验过程中发现，该小区其中一台电梯在控制柜内没有短接层门回路，并且层门锁也没有被短接的情况下，检验人员手动断开电梯层门门锁，电梯开门走车。后经逐层仔细排查，该电梯从 1 层至 10 层层门锁断开时，电梯仍然能够继续运行。经过查阅电气图纸结合现场测量，发现该梯用于给安全回路供电的变压器的输出端两端任何一端均没有进行接地。

分析电路图如图 4-19 所示。

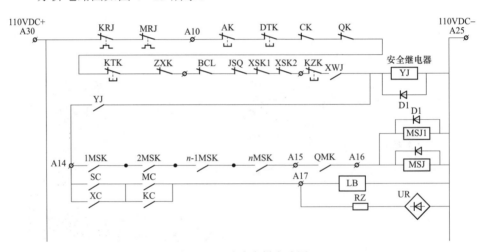

图 4-19　故障电梯电路图

（1）该电气安全回路的工作原理。该电梯电气安全回路分二部分。一部分将 KRJ、MRJ、AK、DTK、CK、QK、KZK、ZXK、BCL、JSQ、XSK1、XSK2、KTK、XWJ 触点串入 YJ 线圈，其中任何一个触点动作，便断开 YJ 线圈，YJ 失电，电梯停止运行。另一部分将 1MSK、2MSK、n-1MSK、nMSK、QMK 层门和轿门电气联锁触点串入 MSJ、MSJ1 线圈，其中任何一个触点动作，便断开 MSJ、MSJ1 线圈，MSJ、MSJ1 失电，电梯停止运行。

（2）发生事故的原因。由于 A25 号端子悬空，当 A16 号端子线路发生一次对地短接故障时，110VDC 电源回路不会构成短路大电流，自动断路装置不能切除故障回路电源；在这种情况下，如果 A16 号端子至 A30 号端子之间的线路发生二次对地短接故障，其相关门锁触点便相当于被短接（如当 A14 号端子至 A30 号端子之间的线路某处发生二次对地短接故障时，相当于所有门锁触点被短接），门锁继电器 MSJ 和 MSJ1 吸合，电梯可以开门走车。此故障被称为"两点接地"隐患。

更为严重的隐患为"单点接地"隐患：如果让变压器的 A30 号端接地，此时若 A16 号端子发生接地故障，相当于 A16 号端子与 A30 号端子之间被短接，形成了回路，门锁继电器 MSJ、MSJ1 仍处于接通状态，不能使控制电动机运行的接触器线圈失电，电梯仍能继续运行。只有当变压器副边线圈 A25 号端子侧进行接地时，如果 A16 号端子发生对地短接故障，A25 号至 A16 号端子之间相当于短路，及门锁继电器 MSJ 和 MSJ1 被短接，此时该回路形成较大的短路电流使得熔断器熔断而切除故障回路，电梯不能继续运行。

另外从广东省某市电梯排查中还发现上海中迅赛勒瓦品牌电梯绝大部分存在"短路保护装置容量过大"的隐患。

该隐患的原因可以归纳为以下几个方面：

1）受老版本电梯制造标准（包括 95 版 7588 及之前版本）技术局限，部分在用老旧电梯门锁电路采用了不接地系统的设计形式。

2）南方或者沿海城市阴雨回潮天气环境的影响。

3）制造厂家未准确整定电路过流保护装置（短路保护）的动作电流值。

4）维保人员未严格更换电气参数匹配的电气零件。

5）电梯老化导致控制电源输出能力下降和电气线路老化。

建议：

对于 2005 年之前生产的电梯，可以在日常电梯检验中增加一个项目——安全回路、门联锁回路的接地保护。

通过人为模拟安全、门锁电路因绝缘老化、线路破损、保护开关触点受潮等原因而出现"碰地"故障，验证此时电梯是否出现安全继电器吸合或门锁继电器吸合（开门走梯）等危险状态。

提示：该人为模拟方法属带电操作，并且有可能造成正常保护的电梯元器件烧毁，需要事先和电梯使用方、维保方沟通，统一意见，共同确定科学、安全可靠的试验方法和操作步骤！

第五章

绝缘电阻的检测方法

一、定义

1. 绝缘，动词

用绝缘材料阻止导电元件之间电传导的材料。

2. 绝缘电阻

在规定条件下，用绝缘材料隔开的两个导电体之间的电阻。

二、功能

电器设备正常运行的条件之一就是其绝缘材料的绝缘程度，即绝缘电阻的数值。规定通电导体与地之间的绝缘电阻，主要是防止发生因导体对地短路损坏设备，以及防止电磁干扰影响电梯整体正常运行。

电气绝缘就是使用不导电的物质将带电体隔离或包裹起来，对触电起保护作用的一种安全措施。良好的绝缘是保证电气设备与线路的安全运行，防止人身触电事故发生的最基本和最可靠的手段。绝缘是"直接接触保护"的防护措施之一，主要是防止直接触及带电体和维持电气设备和电气线路正常运行。

三、部件结构及工作原理

1. 绝缘电阻测量的工作原理

目前常规测量绝缘电阻的仪表都是用测量电流的办法来间接测量电阻。

根据欧姆定律 $I = U/R$，绝缘表的电压 U 是固定的，测出电流 I 就可以得出绝缘电阻值 R。从公式可以看出，测量时所加电压越小，测到的电流也越小。绝缘电阻一般是兆欧级的，相应的测量电流是微安级的。电流太小，一般的仪表就不容易准确测量，甚至量不出来。换句话说，要用低电压的仪表测量大的绝缘电阻就要相应提高电流测量的灵敏度。这在超过某一限度之后往往是不现实的。通常绝缘表的额定电压与量程的关系大约是 $1V/1M\Omega$，而电气元件和线路的绝缘等级又要适应其工作电压的范围。由此可见,《电梯试验方法》(GB/T 10059—2009)规定电梯的绝缘电阻要用 500V 绝缘表来测量,是有道理的。如果用不会损坏电子元件的低压绝缘表来测量,那就要用 5V 的仪表。这从原理上讲似乎也没有什么不可以,不过这种仪表的灵敏度要相应提高到 100 倍(相对于 500 伏绝缘表)。当然,用高压仪表来测量小绝缘电阻也是不恰当的,容易发生绝缘击穿的危险。

2. 如何才能减少测量电梯绝缘电阻的麻烦

首先是减少不必要的测量。根据经验,电梯因为绝缘不良而发生事故的很少,除非是由于进水等意外原因,而且绝缘不好电梯就不能正常运行,短路保护装置也会动作,电梯肯定很快会得到修复,不大可能等到年检验收时才发现问题。因此,在查看主要的接地点可靠接地后,再对照维护保养资料,资料确认绝缘电阻符合。

其次,笔者认为在电梯的设计、制造时就应该考虑到测量绝缘电阻的需要,有意设置一些便于拆断的接点,并在电梯的安装、调试说明书中详细说明这些接点的拆装步骤,在电梯容易发生短路的部位,还可以设置绝缘监视电路,用常设仪表来避免差错。此外随时监视绝缘状况,减少需要拆断回路的绝缘电阻测量。

3. 电梯哪些部分需要测量

根据《电梯制造与安装安全规范》(GB 7588—2003)13.1.3 规定:绝缘电阻应测量每个通电导体与地之间的电阻。

对应标准要求,曳引与强制驱动电梯的驱动电动机、主机风机、制动器、开门电动机、轿厢风机、动力电源主回路、门机电源、轿厢照明、轿顶照明及插座、井道照明及插座、安全装置回路、控制回路、信号回路、报警回路、对讲回路等都需要进行绝缘电阻的测量。

四、标准要求及解读

1. 绝缘保护的要求

绝缘保护的要求:《电梯制造与安装安全规范》(GB 7588—2003)第 14.1.1 要求:"对地或金属构件的绝缘损坏……其本身不应成为导致电梯危险故障的原因。"第 14.1.1.3 条重申:"如果电路接地或接触金属构件而造成接地,该电路中的电气安全装置应:a)使电梯驱动主机立即停止运转;或 b)在第一次正常停止运转后,防止电梯驱动主机再启动。恢复电梯运行只能通过手动复位。"

解读:由标准要求可见,控制电路绝缘保护是电梯控制系统必备的安全保护功能。但《电梯制造与安装安全规范》(GB 7588—2003)未注明控制电路绝缘保护应采用何种方式实现，那么电梯的控制电路是如何实现绝缘保护的呢？具体可参见《机械电气安全 机械电气设备第 1 部分：通用技术条件》（GB 5226.1—2008）8.3 功能联结要求："防止因绝缘失效而引起的非正常运行，可按 9.4.3.1 要求连接到共用导线。"为了使控制电路的接地故障不引起意外的启动、潜在的危险运转或妨碍机械的停止。其 9.4.3.1 提供了下列（但不限于）方法：

方法一：由控制变压器供电的控制电路

（1）控制电路电源接地的情况，在电源点，共用导体连接到保护联结回路。所有预期要操作电磁或其他器件（如继电器、指示灯）的触点、固态元件等插入控制电路电源有开关的导线一边与线圈或器件的端子之间。线圈或器件的其他端子（最好是同标记端）直接连接控制电路电源且没有任何开关要素的共用导体见图 5 – 1。

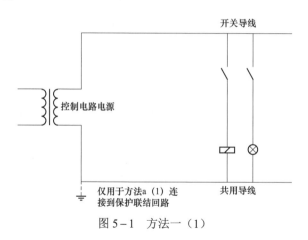

图 5 – 1　方法一（1）

例外：保护器件的触点可以接在共用导线和线圈之间，以达到在接地故障事件中，自动切断电路，或连接非常短（如在同一电柜中）以致不大可能有接地故障（如过载继电器）。

这种方法在电梯的控制系统中较为常见。如图 5 – 2 所示，所有控制器件（继电器、接触器）线圈应直接与保护接地连接点（图 5 – 2 中控制电源点 "2"，予以保护接地）连接。由此可使图 5 – 2 中控制电源点 "1" 侧所有控制开关、触点连接线（点）与线圈间的任何对地绝缘故障，都直接导致该回路短路，使控制电路过电流保护装置动作切断该电路，或使绝缘监控装置发出保护动作信号，防止控制回路产生误动作，从而实现控制电路绝缘保护。

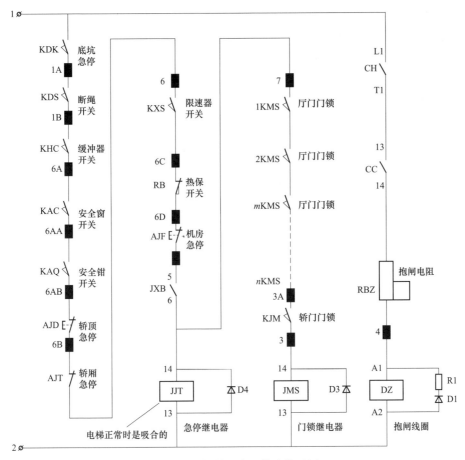

图5-2　控制回路器件连接示例

采用工作接地实现的电路绝缘保护，在各著名电梯品牌的产品中均已体现。但一些中小企业生产的电梯产品在这一点上还未完全符合安全规范的要求。某些电梯生产厂商符合安全规范的产品，在安装、维保作业中存在着被一些不了解电路绝缘保护重要性的作业人员擅自取消了电路绝缘保护工作接地的现象，给电梯运行安全埋下了严重隐患。某些强调电梯控制回路的特殊性而忽视电路失控危险的观念不符合安全性控制要求。

（2）控制电路由控制变压器供电且不连接保护联结回路，接线如图 5-3 所示，并配备有在接地故障中自动切断电路的器件。

方法二：控制电路由控制变压器供电

变压器带中心抽头绕组，中心抽头连接保护接地回路，接线如图 5-4 所示。图中所有控制电路电源导线中，有包含开关元素的过电流保护器件。

61

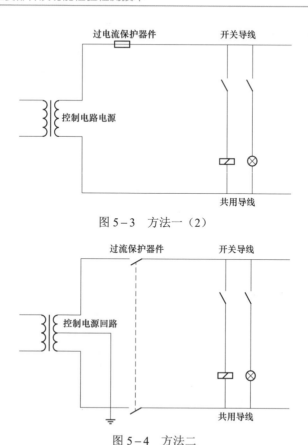

图 5-3　方法一（2）

图 5-4　方法二

对有中心抽头的接地控制电路，1 个接地故障会在继电器线圈上留下 50% 的电压。在这种情况下，继电器会保持，导致不能停机。线圈或器件可在一边或两边接通（或断开）。

方法三：控制电路不经控制变压器供电

（1）直接连接到已接地电源的相导体之间。

（2）直接连接到相导体之间或连接到不接地或高阻抗接地的电源相导体和中性导体之间。

在意外起动或停止失效事件中，或在方法三（2）的情况中，可能引起危险情况或损坏机械的那些机械功能的起动或停止，应使用切换所有带电体的多极开关，在接地故障事件中应提供自动切断电路的器件。

在电梯安全技术检验项目中，始终要求实施电路绝缘测试检查和金属结构接地连通性检查。但是一个不能回避的事实是，电路绝缘测试检查如仅是分段抽查，针对电路本身而不关注电路结构，对于电路的测试不仅不易发现电路绝缘问题，更不能有效防止绝缘故障造成的危险。接地连通性检查若无电路绝缘保护功能为基础，良好的接地连通性则将沦为绝缘故障引起危险事故的通道。鉴于采用绝缘监控装置的电梯控制电路未见报道，由此还能对电路绝缘测试检查而无需拆除接地线的系统，明确其不具备电路绝缘保护功能。

2. 绝缘电阻的要求

（1）《电梯监督检验和定期检验规则——曳引与强制驱动电梯》（TSG T7001—2009）附件 A2.11 规定：动力电路、照明电路和电气安全装置电路的绝缘电阻应当符合表 5-1 要求。

表 5-1　　　动力电路、照明电路和电气安全装置电路的绝缘电阻

标称电压/V	测试电压(直流)/V	绝缘电阻/MΩ
安全电压	250	≥0.25
≤500	500	≥0.50
>500	1000	≥1.00

（2）《电梯制造与安装安全规范》（GB 7588—2003）第 13.1.3 条规定：

电气安装的绝缘电阻（HD384.6.61S1），绝缘电阻应测量每个通电导体与地之间的电阻。绝缘电阻的最小值应按照表 5-2（内容同表 5-1）来取。

当电路中包含有电子装置时，测量时应将相线和零线连接起来。

解读：GB/T 16895.23—2005 规定：电气装置绝缘电阻的测试应在装置与电源隔离的条件下，在装置的电源进线端进行。在测量 TN-C 系统中带电导体对地之间的绝缘电阻时，PEN 导体被视为大地的一部分，绝缘电阻测量时应采用直流，测量仪器应能在载有 1mA 电流时提供表 1 所列的试验电压。

（3）GB/T 16895.23—2005 附录 E 中还规定：

1）当某些回路或回路的一部分是由欠压电器（例如接触器）切断所有带电导体时则这些回路或回路一部分的绝缘电阻应分别测量。

2）如果回路中连接的一些用电器具允许在带电导体和地之间测试。如果在这种情况下测得的值低于表 61A（内容同表 5-1）规定的值则应断开这些器具重新测量。

也就是说，在将相导体和中性导体连接起来后应该允许对电路进行绝缘测试。但是，如果测量值不符合标准要求可能是由于电子装置引起的（有的电子装置的中性线有保护接地），则要断开电子装置重新测量。

绝缘电阻的测量应在被测装置与电源隔离的条件下，在电路的电源进线端进行。如该电路中包含有电子装置，测量时应将相导体和中性导体串联，然后测量其对地之间的绝缘电阻，以确保对电子器件不产生过高的电压，防止其被击穿损坏。由于断电时接触器或继电器的触点是处于断开的状态，导致控制柜

内的部分测量端子被隔离，因此测量时要人为使安全及门锁回路接触器闭合。

因其存在烧坏电子线路的风险，因此 T7001 要求由施工或者维护保养单位测量，检验人员现场观察、确认，检验人员应尽量避免直接参与绝缘电阻的测试。

五、测量方法

1. 仪器设备的介绍

目前绝缘电阻测试仪按照电源方式可分为摇表和电池式两种，而电池式又可以分为电池指针式和电池数字式两种。

（1）摇表。由 L、E 和 G 三个接线柱、表盘和摇柄组成，如图 5-5 所示。

摇表的内部结构是由电源和测量机构组成，电源是手摇发电机，测量机构为电流线圈和电压线圈组成的磁电式流比计机构。当摇动兆欧表时，发电机产生的电压即施加于试品上，这时在电流线圈和电压线圈中有 2 个电流流过，并会产生 2 个不同方向的旋转力矩，二者平衡时指针指示的数值就是绝缘电阻的数值。

（2）电池式指针绝缘电阻测试仪。面板由仪表盘、量程开关、测试按钮和测试插口组成，如图 5-6 所示。

图 5-5　摇表　　　　图 5-6　电池式指针绝缘电阻测试仪

测试按钮（红色），在测量绝缘电阻时，将测试线与被测设备接好后，按下该按钮，便可测量、读数。按下按钮并以顺时针方向旋转锁住，即可连续测量。仪表盘由刻度盘和指针组成。测量时，根据选择的量程，读取指针指示在该量程上的刻度值，即为实测数值。量程开关，通过旋转此开关，转转换测量功能和量程。此表可以测量绝缘电阻的档位有两个：15V/20MΩ 和 500V/100MΩ。"BATTERY.GOOD"档位用于测量电池电量是否良好。按下测试按钮，指针若指在刻度盘中"BATTERY.GOOD"指示区内，则表示电池电量良好，否则应更换电池。测试插头与测试插口连接，引出两根测量线，其中黑色线为 E 极，接接地探棒；红色线为 L 极，接测试探棒。测试探棒上设有远程遥控开关，接好测试线后，按压此开关，同样可以开始测量。

（3）电池数字式绝缘电阻测试仪。数字式绝缘电阻测试仪面板由显示屏、按钮和指示灯、旋转开关和输入端子组成，如图 5-7 所示。

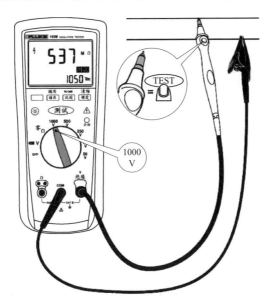

图 5-7　电池数字式绝缘电阻测试仪

显示屏可以显示测试的数值，同时也可以显示所有的出错信息。使用按钮可以激活可扩充旋转开关所选功能的特性，测试仪的前侧还有两个指示灯，当使用此功能时，它们会点亮。旋转开关可以选择任意测量功能挡，测试仪为该功能挡提供了一个标准显示屏（量程、测量单位、组合键等）。输入端子由测量电阻的输入端子、测量电压或绝缘电阻的输入端子和公共端子组成。

2. 绝缘电阻的测试方法

（1）说明及控制要点。这是对所有电梯电气设备绝缘要求的规定：绝缘电阻测量时，要根据不同的电路和电压等级使用不同的仪器档位进行测量。这样要求的目的：一方面，防止损坏设备；另一方面，防止测量值不真实而造成设备在运转时或人员在维修过程中的危害。

（2）检验方法。绝缘电阻测量时的方法有两种：一是相同回路直接测量，二是分段组成。下面以摇表为例介绍绝缘电阻的检测方法。

1）用兆欧表分段测量。

① 断开电源和脱开微机等电子器件。

② 分别从电动机接线的接线柱上、安全回路的接线柱上、安全回路、门联锁回路的接线端子上测量其对地（PE 接线柱）的绝缘电阻。

③ 分别从各控制信号回路的接线端子测量其对地的绝缘电阻。

④ 合格判定：用所测量的值分别与表中的要求进行比较，若大于表中的值，则判定为合格，否则为不合格。

注：当用手摇的绝缘电阻表测量时，必须将所有的电子元器件隔开。以 120r/min 的速度摇动绝缘电阻表的手柄，时间不少于 1min，以 1min 后得读数为准。

2）电动机绕组绝缘电阻的检验。电动机绕组绝缘电阻包括电动机定子绕组和转子绕组的绝缘电阻。

① 打开电动机接线盒。

② 把电动机绕组从线路上拆下。

③ 测量电动机的三个绕组中任何一个端点与外壳（地）的绝缘电阻。

绝缘电阻表的接"地"端子"E"，用"夹子"卡在露出金属光泽的电动机的金属外壳上，也可以卡在接线盒内的接地端子上。另一个"带电体"接线端子"L"接在三个绕组的一个端点上。

3）电器设备最外层人体可接触部分与带电部分之间的绝缘电阻的检验。

① 电器设备最外层人体可接触部分是金属外壳时，绝缘电阻表的接线接"地"端子"E"，用表"夹子"卡在露出金属光泽的金属外壳上，另一个"带电体"接线端子"L"接在"带电"部件上。

② 电器设备最外层人体可接触部分是不带电的绝缘外壳时，在绝缘外壳上粘贴金属片。绝缘电阻表的接线接"地"端子"E"用"夹子"卡在金属片上。

4）接触器绝缘电阻的检验。

① 常开触点的测量。在断电状态测量常开触点的两个触点之间的绝缘电阻和每个端点的接线端子对金属支架之间的绝缘电阻。

② 常闭触点的测量。在断电状态，按动触点支架，使常闭触点断开，测量常闭触点的两个端点之间的绝缘电阻和每个端点的接线端子对金属支架的绝缘电阻。

③ 线圈的绝缘电阻的测量。拆除线圈的外接电源线，在断电状态测量线圈的引接线的接线端子与铁芯、金属支架之间的绝缘电阻；线圈的引接线的接线端子与触点之间的绝缘电阻。

④ 绝缘电阻表的接"地"端子"E"，用"夹子"卡在露出金属光泽的金属支架上，另一个"带电体"接线端子"L"依次接在触点、线圈的接线端子上。

⑤ 同一电器，额定电压不同的电路，应选用对应的电压等级的绝缘电阻

表分别测量。

5）变频器绝缘电阻的测量。

① 外接线路绝缘电阻的测量。

a. 把外接线路从变频器上拆下或断开，再测量。

b. 把所有进线端（R、S、T）和出线端（U、V、W）都连接起来，再对"E"点进行测量，如图5-8所示。

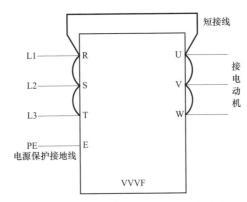

图5-8　采用短接法测量变频器外接线路绝缘电阻示意图

② 变频器控制线路绝缘电阻的测量。采用万用表高阻挡测量，禁止用内部能产生较高电压的绝缘电阻表或其他内部能产生较高电压的仪表测量。万用表高阻挡也适用于其他电子电路。

目前，当进行绝缘电阻的测量时，也有用电池式绝缘电阻测量仪的，其接法与手摇表的接法相同。但要注意根据被测物的使用电压选择合适的档位进行测量。以电池数字式绝缘电阻测试仪为例，绝缘电阻的测试方法如下：

① 将测试探头插入V和COM（公共）输入端子。

② 将旋转开关转至合适档位。

③ 将探头与待测电路连接。

④ 按住测试按钮开始测试。显示位置上显示被测电路上所施加的测试电压，显示位置上显示高压符（⚡），并以MΩ或GΩ为单位显示电阻。显示屏会出现"测试"图标，直到释放测试按钮。当电阻超过大显示量程时，测试仪显示"＞"符号及当前量程的大电阻。

⑤ 继续将探头留在测试点上，然后释放测试按钮。被测电路即开始通过测试仪放电。

⑥ 用以上方法测量各相线对地的绝缘电阻，并记录相关数值，取最小值。

六、安全注意事项

（1）绝缘电阻测量时，要根据不同的电路和电压等级使用不同的仪器进行测量。

（2）需要注意的是，在测量含有电子设备的不同电路通电导体之间对地的绝缘电阻（包括测量导体之间的绝缘电阻）时，应将相线和零线连接，然后测量其对地之间的绝缘电阻时使电子器件两端不会产生巨大的压降，以免损坏电子部件。

（3）绝缘电阻的测量应在装置与电源隔离的条件下，在电路的电源进线端进行。如：该电路中包含有电子元器件，测量时应将相导体和中性导体连接起来，然后测量其对地之间的绝缘电阻，以确保对电子器件不产生过高的电压，防止其被击穿损坏；由于断电时接触器或继电器的触点是断开的。因此，测量时要人为使接触器闭合。

（4）测试时，应检查仪表接地端对地的连通性。先测量确定接地端与金属结构通零，再将绝缘电阻表的一表笔（一般为 E 端）固定在接地端，用另一表笔（一般为 L 端）测量。

（5）动力电路应测量电动机绕组，不要测电源开关下端，可测与电动机绕组直接连通的过载保护器的输出端子。

（6）绝缘电阻表在测试时，其表针带有高压，应小心不要触及表针，防止二次伤害，特别是在高处做绝缘测试。

（7）测量完成后，须检查被测元件是否有残余电荷，需释放后方可进行安装，以免发生触电危险。

（8）严禁不熟悉绝缘电阻测试及产品的人员测试绝缘电阻，防止可能存在烧坏电子元件、线路的风险。

七、事故案例与分析

2012 年 9 月，某市高新区某大厦的一台无机房观光电梯（4 层 2 站 2 门）进行定期检验的时候发现了以下几个异常情况：

（1）维保人员在正常上轿顶时，在 4 楼层门开启的情况下轿厢有下溜现象，当轿顶检修开关打到检修位置时，下溜现象消失；

（2）在检验上极限开关以及 4 楼层门门锁时，上极限开关及 4 楼层门门锁电气联锁失效；

（3）控制柜内接触器不停地吸合放开。

现场检查控制柜未发现短接问题，对 4 楼层门接线进行逐步检查，发现 4 楼层门门锁电线绝缘层遭到破坏，如图 5-9 所示。

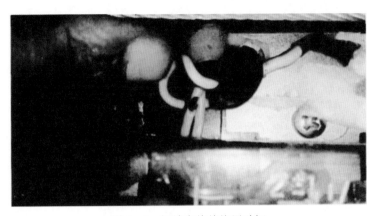

图 5-9　门锁电线绝缘层破坏

　　经了解，维保人员在日常检查层门的过程中，为了使 4 楼层门无法强迫关门，时常将重锤提起，当完成了该层门的检查后，直接将重锤落下，使得悬挂重锤的钢丝绳嵌入层门门锁的接地线里，在层门开关的过程中两者不断摩擦，长此以往，导致接地线的绝缘层破坏。下面我们结合电气原理图（图 5-10）分析现场的异常情况：

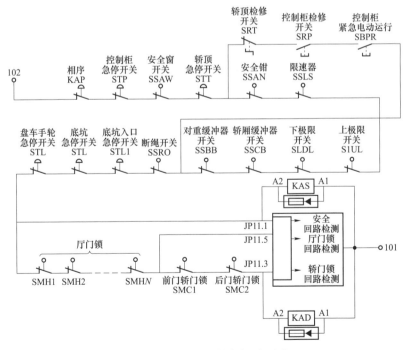

图 5-10　故障电梯电气原理图

69

当两处层门门锁接线绝缘层破坏碰触金属外壳后，就会在图纸上 SMH1～SMH*N* 之间发生短接故障，在此种情况下，层门锁继电器（KAD）就处于一直得电吸合状态，从而使门锁回路内的所有电气开关失效。同样，当安全回路有两处同时破损接地时，安全回路所有电气开关也会失效。

但根据 GB 7588—2003《电梯制造与安装安全规范》中 14.1.1 故障分析条款的要求，对照该电梯电源回路图（图 5-11），正常情况下 101 端子处有接地保护，所以 101 端子处电压为 0V，而层门门锁电线绝缘破坏处电压也为 0V，则相当于层门锁继电器（KAD）和安全回路继电器（KAS）两端电压都是 0V，所以在 101 端子接地良好的情况下，不可能发生异常情况。

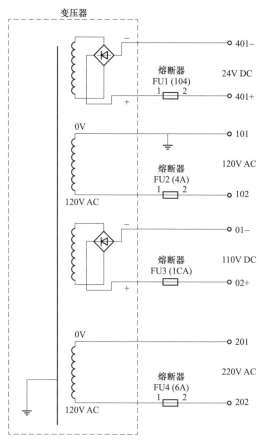

图 5-11　故障电梯电源回路图

经核查，变压器 101 端子处未按照图纸接地，此时 101 端子处得到交变电压与层门门锁电线绝缘破坏处产生电流使层门锁电器（KAD）和安全回路继电器（KAS）保持吸合状态，从而导致了开门运行和所有安全回路电气开关失效。

第六章

上行超速保护装置的检测方法

一、定义

上行超速保护装置是指当轿厢上行速度大于额定速度的 115%时，作用在如下部件之一，至少能使轿厢减速慢行的装置。

（1）轿厢；

（2）对重；

（3）钢丝绳系统；

（4）曳引轮或者曳引轮轴上（引用 GB/T 7024—2008 电梯、自动扶梯、自动人行道术语）。

二、功能作用

轿厢上行超速保护装置是防止轿厢冲顶的安全保护装置。通过切断供电电源、上行超速保护装置动作、降低电梯行驶速度最终达到把轿厢的运行速度控制在对重缓冲器设计范围内或将电梯制停，保护轿厢内乘客和财产安全。上行超速保护装置是安装在曳引驱动电梯上，在电梯上行超速达到一定程度时，用来使轿厢上行制停或者有效减速的一种安全保护装置。它一般由速度监控装置（图 6-1）和减速装置两部分组成。通常采用限速器作为速度监控装置检测轿厢速度是否失控。减速装置可由夹绳器、安全钳、制动器等实施减速。

三、结构及工作原理

目前常见的上行超速保护装置有夹绳器（图 6-2）、轿厢设置的双向安全钳（图 6-3）、对重安全钳（图 6-4）和永磁同步曳引机（图 6-5）带有冗余设计的直接作用在曳引轮的制动器。

图 6-1　速度监控装置

图 6-2　夹绳器

图 6-3　日立 FW-13MXU 型双向安全钳

图 6-4　三菱电梯对重安全钳

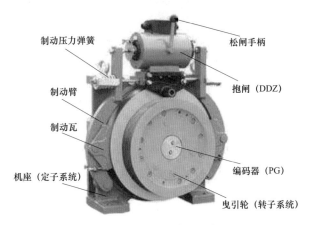

制动压力弹簧
松闸手柄
制动臂
抱闸（DDZ）
制动瓦
机座（定子系统）
编码器（PG）
曳引轮（转子系统）

图 6-5　永磁同步曳引机

四、标准要求

GB 7588—2003《电梯制造与安装安全规范》对轿厢上行超速保护装置有如下条文要求：

9.10　曳引驱动电梯上应装设符合下列条件的轿厢上行超速保护装置。

9.10.1　该装置包括速度监控和减速元件，应能检测出上行轿厢的速度失控，其下限是电梯额定速度的 115%，上限是 9.9.3 规定的速度，并应能使轿厢制停，或至少使其速度降低至对重缓冲器的设计范围。

9.10.2　该装置应能在没有那些在电梯正常运行时控制速度、减速或停车的部件参与下，达到 9.10.1 的要求，除非这些部件存在内部的冗余度。

该装置在动作时，可以由与轿厢连接的机械装置协助完成，无论此机械装置是否有其他用途。

9.10.3　该装置在使空轿厢制停时，其减速度不得大于 1gn。

9.10.4　该装置应作用于：

a）轿厢；或

b）对重；或

c）钢丝绳系统（悬挂绳或补偿绳）；或

d）曳引轮（例如直接作用在曳引轮，或作用于最靠近曳引轮的曳引轮轴上）。

9.10.5　该装置动作时，应使一个符合 14.1.2 规定的电气安全装置动作。

9.10.6　该装置动作后，应由称职人员使其释放。

9.10.7　该装置释放时，应不需要接近轿厢或对重。

9.10.8　释放后，该装置应处于正常工作状态。

9.10.9　如果该装置需要外部的能量来驱动，当能量没有时，该装置应能使电梯制动并使其保持停止状态。带导向的压缩弹簧除外。

9.10.10　使轿厢上行超速保护装置动作的电梯速度监控部件应是：

a）符合9.9要求的限速器；或

b）符合9.9.1、9.9.2、9.9.3、9.9.7、9.9.8.1、9.9.9、9.9.11.2的装置，且这些装置保证符合9.9.4、9.9.6.1、9.9.6.2、9.9.6.5、9.9.10和9.9.11.3的规定。

9.10.11　轿厢上行超速保护装置是安全部件，应根据F7的要求进行验证。

五、试验方法以及检测仪器的使用方法

TSG T7001—2009《电梯监督检验和定期检验规则—曳引与强制驱动电梯》检验内容与要求：

2.12　轿厢上行超速保护装置

（1）轿厢上行超速保护装置上设有铭牌，标明制造单位名称、型号、编号、技术参数和型式试验机构的名称或者标志，铭牌和型式试验证书内容相符；

（2）控制柜或者紧急操作和动态测试装置上标注电梯整机制造单位规定的轿厢上行超速保护装置动作试验方法。

8.2　当轿厢上行速度失控时，轿厢上行超速保护装置应当动作，使轿厢制停或者至少使其速度降低至对重缓冲器的设计范围；该装置动作时，应当使一个电气安全装置动作。

检验方法：对照检查上行超速保护装置型式试验证书和铭牌；目测动作试验方法的标注情况，由施工或者维护保养单位按照制造单位规定的方法进行试验，检验人员现场观察、确认。

1. 检规检验方法的解读

（1）目视检查。

1）对照检查上行超速保护装置型式试验合格证和铭牌；

2）查看上行超速保护装置动作试验方法的标注情况。

（2）动作试验。施工单位或者维保单位按照制造单位的试验方法试验，检验人员现场观察、确认。若能使轿厢减速或停止，则认为有效；否则为不合格。

（3）在定期检验时，对按照 GB 7588—1995 及更早期标准生产的电梯，可以允许没有设置轿厢上行超速保护装置。

2. 各品牌制造厂家轿厢上行超速保护装置的试验方法

根据上行超速保护装置的不同形式，按照制造单位的试验方法试验。目前，上行超速保护装置的主要形式有限速器－夹绳器系统、限速器－轿厢上行安全钳系统、限速器－对重安全钳系统、带有冗余设计的直接作用的在曳引轮的制动器等。现就几种相关的试验方法举例如下仅供参考，在实际中，仍应以制造

单位提供的试验方法为准。

（1）上行超速保护装置采用夹绳器时的试验方法。将空载轿厢停于行程下部，轿厢以检修速度上行，人为动作夹绳器电气安全开关，电梯应能立即停止运行，短接该电气安全开关，轿厢继续检修上行，让夹绳器机械动作，继续短接限速器电气开关，操纵检修上行按钮，察看轿厢是否继续运行。若轿厢无法继续上行或者上行后能自动减速制停，则表明夹绳器动作可靠；如果轿厢仍能以检修速度继续正常运行，则表明夹绳器动作不可靠。

（2）上行超速保护装置采用在轿厢或对重上装安全钳时的试验方法。将空载轿厢停于行程下部，人为动作限速器，让限速器机械动作，轿厢以检修速度上行，此时限速器电气安全开关动作，电梯停止运行，人为短接此电气开关，继续以检修速度上行，安全钳应该动作，同时电梯应立即停止运行，短接安全钳电气安全开关，继续操作检修上行按钮，观察轿厢是否能继续运行。若曳引钢丝绳在曳引轮上出现打滑，或是曳引轮和曳引钢丝绳均无法运转，轿厢应无法继续被提起，表明安全钳动作可靠有效。

（3）上行超速保护采用作用在曳引轮或曳引轮轴上的制动器时的试验方法。查阅相关型式试验报告，检查该曳引机是否带有冗余设计的直接作用在曳引轮的制动器；检查制动器上是否装设了验证制动器动作状态的电气安全开关，该安全开关动作时电梯应不能运行。检查制动器的制动能力，进行上行制动工况曳引检查和下行制动曳引检查。轿厢空载以额定速度上行至行程上部，切断电动机与制动器供电，轿厢应能完全停止；让装有125%额定载荷的轿厢以额定速度下行至行程下部，断开主电源，电梯应可靠制停。在条件允许的情况下，可人为将额定速度设定至高于上行超速保护装置动作速度的值，电梯以设定后的速度上行，当上行超速保护装置动作时，轿厢若能被可靠制停或减速运行，则表明该装置动作可靠有效。

六、检验检测注意事项

（1）首先确认检验条件符合 TSG T7001—2009 第十五条的要求和确认平衡系数是否符合要求。

（2）由施工或者维护保养单位按照制造单位规定的方法进行试验，检验人员现场观察、确认。

（3）试验时轿厢内不得有人。上行超速保护装置动作时，人员不得靠近。

（4）轿厢上行超速保护装置动作后，没有要求一定使轿厢制停，使其速度降低至对重缓冲器的设计范围即可。

（5）如果需要进行模拟制动器失效（如松闸溜车）试验，应监控电梯的上行速度，如果超过允许的动作速度上限而保护装置仍未动作起作用，必须立即采取措施使制动器有效制动，以免发生冲顶事故。

七、常见问题

问题 1： 限速器失灵，导致上行超速保护装置无法动作（图 6-6）

（1）由于维修保养不到位，或者限速器日久失修，导致限速器机械卡阻失灵，无法触发上行超速保护装置动作。

（2）限速器的上行超速保护装置的触发装置被人为拆除，导致无法触发上行超速保护装置。

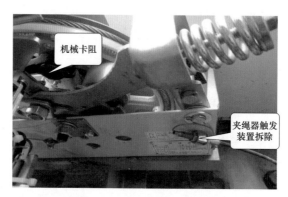

图 6-6　限速器动作失效图例

问题 2： 上行超速保护装置失灵，导致无法正常动作

（1）采用制动器作为上行超速保护装置的电梯，制动器压紧弹簧失效，闸瓦间隙过大等原因导致制动力不足或者制动器失效，无法正常动作。

（2）采用安全钳作为上行超速保护装置的电梯，由于限速器无法有效动作，钢丝绳与绳槽打滑、安全钳动作提拉杆失效、安全钳钳块失效等原因导致限速器不能使安全钳正确动作，导致其失效。

（3）采用夹绳器作为上行超速保护装置的电梯，夹绳器由于本体锈蚀、机械卡阻，夹绳块失效等原因，导致不能正常动作。

八、事故案例与分析

案例 1　2017 年 4 月 8 日，河源市某小区发生电梯冲顶事故。事故电梯从 6 楼直冲至 18 楼，导致河源一位姑娘脑震荡，并多处骨折。事故原因不详。笔者猜测是该电梯制动器卡阻失效，使同时作为上行超速保护装置的制动器不能正常抱闸，制停电梯，导致发生电梯冲顶。

案例 2　江苏省江都市某宾馆有一台 9 层的客梯。2008 年 5 月 10 日上午，一名乘客从宾馆从 1 楼乘电梯上 8 楼。进入电梯轿厢后，他按下了 8 楼选层按钮，电梯关门后向上运行，但到了8层后电梯并未停车，继续向上运行，越过顶楼9层后发生冲顶，直至电梯对重撞板猛烈撞击在缓冲器上，随后，轿厢瞬间方向下蹲导致安全钳动作。电梯冲顶瞬间，该乘客因为受到向上的惯性作用，头部径直撞上了电梯轿厢的顶部，随后又由于向下的重力作用，人重重地摔在电梯地板上。事故发生后，这名乘客受伤严重，被宾馆紧急送往医院救治。而宾馆的电梯门系统、对重缓冲器也受到严重损坏，直接经济损失近2万元。

事故原因：调查人员首先对该宾馆的工作人员进行了询问，初步了解了事故发生的过程。根据事故现场电梯损坏的状况，调查人员基本判定这是一起电梯冲顶事故。所谓电梯冲顶，就是电梯轿厢越过顶层层站，冲向井道顶部。电梯发生冲顶的原因，一般是电梯制动失效、上限位开关与上极限开关失效、电梯超速而上行超速保护装置不起作用等。该电梯为2002年安装投入使用的，根据事故状况，调查人员先后在电梯机房和电梯井道内检查了电梯抱闸系统的工作状况，曳引轮与钢丝绳的配合情况和清洁状况，以及上行强迫减速开关、上限位开关、上极限开关、限速器电气开关、对重缓冲器开关、张紧轮电气安全保护装置等的动作情况，检查结果一切均正常。只是该电梯属于早期产品，没有设置上行超速保护装置，也没有设计防抱闸粘连功能。

第七章

门回路检测功能的试验方法

一、定义

检测轿门（层门）关闭和锁紧电气安全装置所在回路和轿门监控信号是否正常的功能。

二、功能作用

门回路检测的目的是防止在层门或轿门打开时电梯运行。当轿厢在开锁区域内，轿门开启并且层门门锁释放时，如果监测到以下装置的故障，应防止电梯的正常运行：

（1）轿门关闭位置的电气安全装置；

（2）层门锁紧装置的锁紧位置的电气安全装置；

（3）轿门监控信号的正常动作。

三、结构及工作原理

用安全电路短接整个门锁回路的检测原理图如图 7-1 所示。在电梯到站平层开门后，由主控板输出一检测信号接通检测继电器 Y1，Y1 常开触点闭合，旁路轿门和厅门锁回路，此时通过读取 X2 点有无电压即可判断门锁是否被短接：X2 有电压，说明有人为短接，X2 电压为零表示无人为短接。

不用安全电路短接整个门锁回路的检测原理图如图 7-2 所示。当电梯到站平层开门后，GECB 输出信号使 DSR 导通，DSR 的常开触点接通一个 DC 24V 电压，如果厅门锁触点没有被短接，DS Check 和 RDS Check 两个检测点电压应为零，如果该某个检测点有 24V 电压，则判定对应厅门锁回路有被短接。同样，轿门回路的检测原理与厅门回路的检测原理相同。

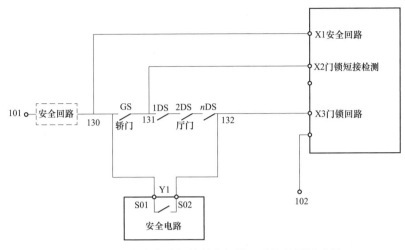

图 7-1　用安全电路短接整个门锁回路的检测原理图

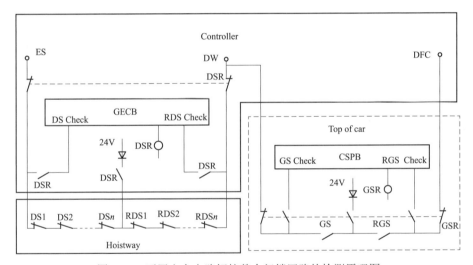

图 7-2　不用安全电路短接整个门锁回路的检测原理图

规范要求：应当具有门回路故障保护功能，当轿厢在开锁区域内、轿门开启并且层门门锁释放时，监测检查轿门关闭位置的电气安全装置、检查层门门锁锁紧位置的电气安全装置和轿门监控信号的正确动作；如果监测到上述装置的故障，能防止电梯的正常运行。

四、检测方法

规范的试验方法是通过模拟操作检查门回路检测功能。

在电梯监督检验和定期检验时，均需要对门回路检测功能进行检验。由于各个电梯厂家层门回路和轿门回路的接线方式不同，所以门回路检测功能具有一定的差异，进行检验时可以按照以下步骤进行：

（1）审核图纸和资料。审查电梯的门回路检测原理图，判断是否将整个门回路拆分成层门（前后）回路，轿门（前后）回路等子回路，并在每个子回路串联处设置检测点。

（2）模拟各门路故障并进行功能验证。

1）电梯停梯关门状态下，在控制柜上短接层门锁触点，选层将电梯正常运行至某一层站，开门后目测系统是否报门回路故障（核对故障码），防止电梯的正常运行。

2）电梯停梯关门状态下，在控制柜上短接轿门关闭验证触点，选层将电梯正常运行至某一层站，开门后目测系统是否报门回路故障（核对故障码），防止电梯的正常运行。

3）在轿门上短接或屏蔽轿门监控信号，选层将电梯正常运行至某一层站，开门后目测系统是否报门回路故障（核对故障码），防止电梯的正常运行。

注：门回路故障只考虑整个轿门锁回路被短接，以及整个层门锁回路（包括所有层门锁紧和层门关闭验证开关）被短接。检测到故障后，只需要防止电梯的正常启动，不需要切断任何电气安全装置，此时的检修运行、紧急电动运行、消防返回等仍然可以有效。

以下是部分厂家的实际试验方法：

厂家1　通力电梯试验方法

（1）轿门回路检测：短接轿门回路触点，电梯运行至平层位置开门，给电梯一个呼梯信号，系统记录故障，查看故障代码，检测到轿门回路故障，不再响应新的呼梯信号，检查电梯模式，电梯退出服务，若有贯通轿门，短接另一个轿门回路触点，重复以上测试步骤。

（2）层门回路检测：短接层门回路，电梯在开锁区域开门，给电梯一个呼梯信号，系统记录故障查看故障代码，检测到层门回路故障，不再响应新的呼梯信号，检查电梯模式，电梯退出服务。

（3）轿门关闭信号检测测试：断开门机板上轿门关闭信号，关闭轿门和层门，给电梯一个内呼或外呼召唤，记录控制系统的状态，检测到故障代码。电梯不响应召唤。

（4）复位操作：关闭主电源，去除短接线，清除故障。电梯恢复正常。

厂家2　蒂森电梯试验方法

（1）电梯处于正常状态且厅、轿门处于关闭状态，按下控制柜上的"停止"开关，使用专用跨接工具跨接轿门锁（跨接位置如图7-3中1所示），复位控制柜上的"停止"开关。等待电梯"JU"运行完成，系统自动开门且当开门到位后，外呼显示"－－"，电梯无法再次正常运行；

（2）电梯处于正常状态且厅、轿门处于关闭状态，按下控制柜上的"停止"开关，使用专用跨接工具跨接厅门锁（跨接位置如图7－3中2所示），复位控制柜上的"停止"开关。等待电梯"JU"运行完成，系统自动开门且当开门到位后，外呼显示"－－"，电梯无法再次正常运行；

（3）电梯处于正常状态且厅、轿门处于关闭状态，按下控制柜上的"停止"开关，使用专用跨接工具跨接厅门锁至轿门锁（跨接位置如图7－3中3所示），复位控制柜上的"停止"开关。等待电梯"JU"运行完成，系统自动开门且当开门到位后，外呼显示"－－"，电梯无法再次正常运行；

（4）故障复位方法：按下控制柜上的"停止"开关，拆除专用跨接工具，复位控制柜上的"停止"开关，紧急电动运行模式下，通过调试工具执行"AFOC"进行故障复位。

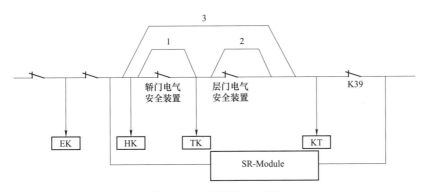

图7－3　门锁跨接示意图

厂家3　三菱电梯现场测试方法

（1）禁止与无关人员进入电梯层门区域并召唤电梯。注意对电梯所在的层站出入口设置安全围栏，并指派专人看护。

（2）电梯以自动模式停靠在平层位置。

（3）在层门轿门全部关闭后，切断电梯动力电源。

（4）参看相应的电气原理图，在控制屏内的相关接插件或端子上短接门锁回路，轿门门锁和层门门锁应分别试验。对于无机房电梯，先通过检修运行或紧急电动运行上轿顶，至控制屏位置进行门锁短接操作，随后人员撤离轿顶并将电梯切换到自动运行状态，使电梯自动启动运行至平层位置。

（5）接通电梯电源，按压层门外召唤按钮使电梯开门。

（6）当电梯门完全打开时即检测出门锁异常短接故障，这时：

1）所有的轿内指令和层站召唤都被取消，且不能再登记。

2）电梯保持开门状态，无法自动运行。

3）显示门锁短接相应的故障代码。

（7）消除故障代码及恢复电梯。

1）将紧急电动运行装置上的"正常/紧急电动运行"开关拨至"紧急电动运行"侧。

2）控制柜断电，拆除短接线后重新上电，或在上电状态下复位 p1 板。

3）将紧急电动运行装置上的"正常/紧急电动运行"开关拨至"正常"侧。

4）电梯正常开门 1 次，确认门锁短接故障代码不再出现。

五、注意事项

（1）按照厂家的试验方法试验。

（2）模拟门回路故障时，严禁带电操作。

（3）严格遵守跨接线相关操作规定。

（4）试验完成后，必须再次检查确认，所有的跨接线已拆除，将电梯恢复至原先正常状态。

第八章

电梯轿厢意外移动保护装置
的检验方法

一、定义

轿厢意外移动，即在开锁区域内，在层门未被锁住且轿门未被关闭的情况下，由于轿厢安全运行所依赖的驱动主机或驱动控制系统的任何单一部件失效引起轿厢离开层站的意外移动。电梯应具有防止该移动或使移动停止的装置，称为电梯轿厢意外移动保护装置。

二、轿厢产生意外移动的原因分析

引起轿厢发生意外移动有以下几方面原因：

（1）制动器方面的原因，由于制动器调整不当，部件老化或者制动轮上面有油污等等原因都会造成轿厢的意外移动。

（2）曳引机方面的原因，比如曳引轮的制造缺陷、曳引绳的选配错误、曳引轮轴的断裂或是曳引机蜗轮断齿和连接蜗轮套筒法兰破裂等原因。

（3）电气控制系统的故障，比如轿门和层门门锁装置失效、控制电路失效、电磁干扰等引起的意外移动。

（4）人为原因，比如维护保养人员短接层门轿门门锁装置等都有可能引起轿厢的意外移动。

三、功能作用

电梯轿厢意外移动引起的挤压、剪切等伤害应该得到整个电梯行业的足够重视，而设置轿厢意外移动保护装置的目的就是为了防止使用者在进出电梯轿厢时受到轿厢意外移动引起的伤害。

四、标准要求

作为一种重要的电梯安全保护装置，电梯轿厢意外移动装置（英文简称 UCMP）已被列为欧盟等发达国家强制执法的电梯安全保护装置。在我国的《电梯制造与安装安全规范》GB 7588—2003 的第 1 号修改单中也已经有了明确的要求，标准原文内容如下：

9.11   轿厢意外移动保护装置

9.11.1   在层门未被锁住且轿门未关闭的情况下，由于轿厢安全运行所依赖的驱动主机或驱动控制系统的任何单一元件失效引起轿厢离开层站的意外移动，电梯应具有防止该移动或使移动停止的装置。悬挂绳、链条和曳引轮、滚筒、链轮的失效除外，曳引轮的失效包含曳引能力的突然丧失。

不具有符合 14.2.1.2 的开门情况下的平层、再平层和预备操作的电梯，并且其制停部件是符合 9.11.3 和 9.11.4 的驱动主机制动器，不需要检测轿厢的意外移动。

轿厢意外移动制停时由于曳引条件造成的任何滑动，均应在计算和/或验证制停距离时予以考虑。

9.11.2   该装置应能够检测到轿厢的意外移动，并应制停轿厢且使其保持停止状态。

9.11.3   在没有电梯正常运行时控制速度或减速、制停轿厢或保持停止状态的部件参与的情况下，该装置应能达到规定的要求，除非这些部件存在内部的冗余且自监测正常工作。

注：符合 12.4.2 要求的制动器认为是存在内部冗余。

在使用驱动主机制动器的情况下，自监测包括对机械装置正确提起（或释放）的验证和（或）对制动力的验证。对于采用对机械装置正确提起（或释放）验证和对制动力验证的，制动力自监测的周期不应大于 15 天；对于仅采用对机械装置正确提起（或释放）验证的，则在定期维护保养时应检测制动力；对于仅采用对制动力验证的，则制动力自监测周期不应大于 24 小时。

如果检测到失效，应关闭轿门和层门，并防止电梯的正常启动。

对于自监测，应进行型式试验。

9.11.4   该装置的制停部件应作用在：

a）轿厢；或

b）对重；或

c）钢丝绳系统（悬挂绳或补偿绳）；或

d）曳引轮；或

e）只有两个支撑的曳引轮轴上。

该装置的制停部件，或保持轿厢停止的装置可与用于下列功能的装置共用：

——下行超速保护；

——上行超速保护（9.10）。

该装置用于上行和下行方向的制停部件可以不同。

9.11.5　该装置应在下列距离内制停轿厢（见图8-1）：

a）与检测到轿厢意外移动的层站的距离不大于1.20m；

b）层门地坎与轿厢护脚板最低部分之间的垂直距离不大于0.20m；

c）按5.2.1.2设置井道围壁时，轿厢地坎与面对轿厢入口的井道壁最低部件之间的距离不大于0.20m；

d）轿厢地坎与层门门楣之间或层门地坎与轿厢门楣之间的垂直距离不小于1.00m。

轿厢载有不超过100%额定载重量的任何载荷，在平层位置从静止开始移动的情况下，均应满足上述值。

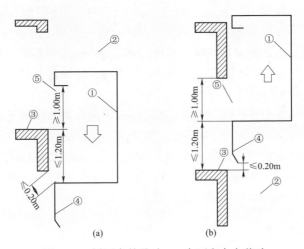

图8-1　轿厢意外移动——向下和向上移动

（a）向下移动；（b）向上移动

①—轿厢；②—井道；③—层站；④—轿厢护脚板；⑤—轿厢入口

9.11.6　在制停过程中，该装置的制停部件不应使轿厢减速度超过：

——空轿厢向上意外移动时为1gn；

——向下意外移动时为自由坠落保护装置动作时允许的减速度。

9.11.7　最迟在轿厢离开开锁区域（7.7.1）时，应由符合14.1.2的电气安全装置检测到轿厢的意外移动。

9.11.8　该装置动作时，应使符合14.1.2要求的电气安全装置动作。

注：可与9.11.7中的开关装置共用。

9.11.9　当该装置被触发或当自监测显示该装置的制停部件失效时，应由称职人员使其释放或使电梯复位。

9.11.10　释放该装置应不需要接近轿厢、对重或平衡重。

9.11.11　释放后，该装置应处于工作状态。

9.11.12　如果该装置需要外部能量来驱动，当能量不足时应使电梯停止并保持在停止状态。此要求不适用于带导向的压缩弹簧。

9.11.13　轿厢意外移动保护装置是安全部件，应按 F8 的要求进行型式试验。

笔者对标准 GB 7588—2003《电梯制造与安装安全规范》的第 1 号修改单之 9.11 轿厢意外移动保护装置的相关条款解读有四点：

（1）在开锁区域内，在层门未被锁住且轿门未被关闭的情况下，由于轿厢安全运行所依赖的驱动主机或驱动控制系统的任何单一部件失效引起轿厢离开层站的意外移动，电梯应具有防止该移动或使移动停止的装置。悬挂绳、链条或曳引轮滚筒、链轮的失效除外，曳引轮的失效包含曳引能力的突然丧失。

（2）该装置应能够监测轿厢的意外移动，并应制停轿厢且使其保持停止状态。

（3）在没有电梯正常运行时控制速度或减速、制停轿厢或保持停止状态的部件参与的情况下，该装置应能达到规定的要求，除非这些部件存在内部的冗余且自监测正常工作。

（4）制停装置动作的距离要求。防止电梯轿厢意外移动必须在规定的距离范围内将轿厢制停，轿厢意外移动到此层站的距离必须要小于等于 1.20m，层门地坎跟轿厢护脚板垂直距离必须小于等于 200mm，轿厢地坎与井口壁的距离小于等于 200mm，轿厢地坎与门楣之间大于等于 1.0m，此数值范围在满足轿厢运行且不超载的情况下都必须要满足。

五、检规要求

TSG T7001—2009《电梯监督检验和定期检验规则——曳引与强制驱动电梯》第 2 号修改单有关轿厢意外移动保护装置的内容见表 8-1。

表 8-1　TSG T7001—2009 第 2 号修改单有关轿厢意外移动保护装置的内容

项目及类别	检验内容与要求	检验方法
2.13 轿厢意外移动保护装置	（1）轿厢意外移动保护装置上设有铭牌，标明制造单位名称、型号、编号、技术参数和型式试验机构的名称或者标志，铭牌和型式试验证书内容相符。 （2）控制柜或者紧急操作和动态测试装置上标注电梯整机制造单位规定的轿厢意外保护装置动作试验方法，该方法与型式试验证书上所标注的方法一致	对照检查轿厢意外移动保护装置型式试验证书、调试证书和铭牌； 目测动作试验方法的标注情况

续表

项目及类别	检验内容与要求	检验方法
8.3 轿厢意外移动保护装置试验	（1）轿厢在井道上部空载，以型式试验证书所给出的试验速度上行并触发制停部件，仅使用制停部件能够使电梯停止，轿厢的移动距离在型式试验证书给出的范围内。 （2）如果电梯采用存在内部冗余的制动器作为制停部件，则当制动器提起（或者释放）失效，或者制动力不足时，应当关闭轿门和层门，并且防止电梯的正常启动	由施工或者维护保养单位进行试验，检验人员现场观察、确认

六、系统组成

电梯轿厢意外移动保护装置是由检测子系统、制动子系统和自检测子系统组成。检测子系统是一种发出动作信号的装置，其功能是能够检测到轿厢是否存在意外移动的风险和倾向以及是否已经发生了意外移动。而制动子系统的功能是如果已经发生移动，制停轿厢使其保持停止状态以防止溜车。自检测子系统是检测制动器在收到动作指令后是否有效动作，包括有对机械装置正确提起（或释放）的验证和（或）对制动力的验证。

根据电梯型式试验规则，电梯轿厢意外移动装置通常可以整个完整系统进行型式试验也可以各个子系统分开进行型式试验，但是各个子系统组合的适配性需要得到型式试验机构的审查认可。

1. 检测子系统

检测子系统主要包括检测轿厢意外移动的变换器或者传感器、对检测到的信号进行逻辑处理和运算电路等，目前常见的检测传感器主要有以下几种：

（1）安装在轿厢上的位置信号开关，如磁感应式接近开关、光电式平层开关和多路光电开关等，如图8-2所示。

磁感应式接近开关　　　　光电式平层开关　　　　　多路光电开关

图8-2　位置信号开关

（2）通过限速器检测，如可检测意外移动的离心式限速器等，如图8-3所示。

（3）使用绝对值编码器（图8-4）或者井道位置感应器（图8-5）来检测，如井道绝对位置传感器。

电子限速器

谐振式限速器

可检测意外移动的离心式限速器

图 8-3　限速器

图 8-4　旋转型编码器

图 8-5　井道位置传感器

2. 制停子系统

常见的制停部件主要有以下几种：

（1）作用于轿厢或者对重，如轿厢（对重）安全钳、双向安全钳、夹轨器等。

（2）作用于悬挂绳或者补偿绳系统上，如钢丝绳制动器。

（3）作用于曳引轮或者只有两个支撑的曳引轮轴上，如永磁同步曳引机的块式制动器、盘式制动器、钳盘式制动器等。

3. 自监测子系统

自检测子系统应当符合电梯强制性标准中修改单的规定。在现场测试中，应模拟自监控子系统的故障、自监控子系统的运行顺序和输出情况来判断是否正确。此外，现场检测还需特别注意自检测子系统存在人为关闭的可能。

当使用驱动主机制动器作为制动元件时（同步主机），应

（1）监测驱动主机制动器制动或释放的检测装置。

（2）监测制动力（制动力矩）的系统或装置：对于采用对机械装置正确提起（或释放）验证和对制动力验证的，制动力自监测的周期不应大于 15 天；对于仅采用对机械装置正确提起（或释放）验证的，则在定期维护保养时应检测制动力（常用）；对于仅采用对制动力验证的，则制动力自监测周期不应大于 24 小时。

（3）监测驱动主机制动器制动或释放的装置。绝对型编码器或者微动开关

（安装在驱动主机或制动器上）＋控制装置或控制主板（安装于控制柜内），如图 8-6 所示。

图 8-6　制动器开关

4. 制动部件的触发方式

制动部件的触发方式主要有电气触发和机械触发。其中依靠电气触发主要有夹轨器、钢丝绳制动器、曳引机制动器等；而依靠机械触发主要有双向安全钳、对重侧安全钳、夹轨器、钢丝绳制动器等。

5. 轿厢意外移动保护装置完整系统的组合方式

曳引式电梯的主机按照内部结构来区分，可分为有齿轮曳引机和无齿轮曳引机。目前针对这两类曳引主机常见的 UCMP 组合方式有以下几种，如图 8-7 所示。

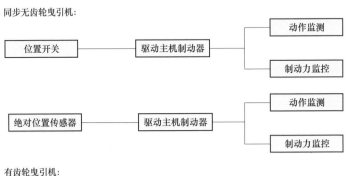

图 8-7　UCMP 组合方式

七、检验方法

1. 检验要点

（1）电梯安装监督检验时，应当认真核对电梯意外移动保护装置产品型式试验证书与实物是否一致，如果发现产品主要参数超出证书中所规定的适用范围或者产品配置发生变化的，应当要求重新进行型式试验，轿厢意外移动保护装置应当作为一个完整的系统进行型式试验或者对其检测，操纵装置和制停系统提交单独的型式试验。

（2）查看轿厢意外移动保护装置铭牌，铭牌应标明制造单位名称标志、型式试验证书编号、型号、技术参数。铭牌和型式试验证书内容相符。2018 年 1 月 1 日后出厂的电梯 UCMP 铭牌上应标明以下内容：

产品型号、名称；

允许系统质量范围；

制造单位名称及其制造地址；

允许额定载重量范围；

型式试验机构的名称或标志；

所预期的轿厢减速前最高速度范围；

出厂编号；

出厂日期。

（3）当电梯制造单位未能提供相应试验方法时，当该装置的机械执行元件是制动器时，可按下列方法进行模拟验证：

1）将电梯轿厢置于下端站的上一层站平层位置，电梯保持正常运行状态，层门和轿门均开启。

2）在该层门派一人监护，确保电梯层门和轿门处于开启状态。

3）在机房内（无机房的在操作屏上），由施工单位的人员人为持续（不是点动）操作手动松闸装置打开制动器，这时轿厢将往上溜，当溜到一段距离时（一般在 20cm 以内，如果超过该距离要马上放开松闸装置以确保安全），控制系统将切断制动器的供电，此时可以通过观察控制柜的声光信号或继电器的动作情况来判断，也可以通过调阅故障码的方式来查看，通常会有 UCMP 动作制停的故障代码提示。如果不满足上述试验要求，则要求施工单位提供相应有效的验证方法，否则暂时判定为不合格。

2. 几种常见品牌电梯的 UCMP 的检验方法

（1）三菱电梯的 UCMP 的试验方法。

1）上海三菱电梯的制停子系统有两种实现方式：

主机制动器：同步曳引电梯（PM 曳引机系统：LIHY/MAX 系列）

夹绳器：异步曳引电梯（蜗轮蜗杆副曳引机系统：GPS/HOPE 系列）

2）GB 7588—2003 第 1 号修改单 12.12 条：轿厢的平层准确度应为 ±10mm，平层保持精度应为 ±20mm，如果装卸载时超出 ±20mm，应校正到 ±10mm以内。

轿厢装载过程中，考虑到钢丝绳、钢丝绳头弹簧、曳引机减震橡胶、轿底减震橡胶等弹性元件的长度变化，无再平层功能时 ±20mm 的平层精度要求较难达到；因此贯标后，上海三菱全系列电梯都标配了再平层功能，在轿顶增加了再平层感应器（图 8-8）。

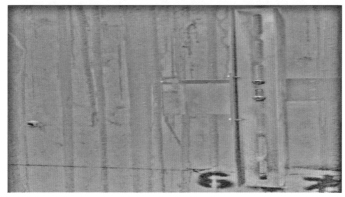

图 8-8　再平层感应器

3）检验方法。

① 安装可强制切断再平层传感器信号的测试工装（或者类似其他可切断再平层传感器信号的方法）。

② 在电梯停止、自动开门并且门处于打开状态下，通过工装上的"RLU（RLD）"开关或者控制柜回路线束上的"RLU（RLD）"插接件断开"RLU（RLD）"信号，此时，电梯将自动向上（向下）进行再平层运行，运行约 10mm 后，UCMP 保护被触发动作，电梯急停，模拟意外移动出再平层区后 UCMP 保护

动作，P1 板上会出现 UCMP 动作的故障代码"90b"。

4）同步电梯的制动器机械装置提起或释放（松闸或抱闸）的验证：当监测到制动器的提起（或者释放）失效，或者制动力不足时，能防止电梯的正常启动。

① 验证电路：制动器反馈触点微动开关独立地监视着每个制动器的松闸和抱闸，触点开关采用常闭触点。当制动器松闸时，常闭触点断开，制动器监测电路断开，制动器监测电路示意图如图 8-9 所示。

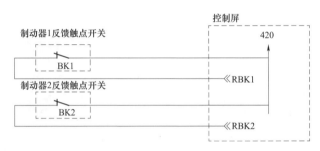

图 8-9　制动器监测电路示意

② 验证方法及步骤：

a. 监测制动器不能松闸故障：

a）电梯停止运行，确认门完全关闭。

b）切断电梯电源，短接制动器 1 常闭触点开关 BK1。

c）上电，正常操作使电梯启动。

d）电梯刚一启动就检测到制动器 1 不能松闸故障，电梯急停。

e）连续四次检测到制动器 1 不能松闸故障，电梯不能再启动。

f）切断电梯电源，去除短接和清除锁存故障，然后上电，使电梯恢复正常。

g）同理，测试制动器 2。

b. 监测制动器不能抱闸故障：

a）电梯停止运行，确认门完全关闭。

b）切断电梯电源，断开制动器 1 常闭触点开关 BK1。

c）上电，检测到制动器 1 不能抱闸故障，电梯应不能再启动。

d）确认此时通过正常操作无法使电梯启动运行。

e）切断电梯电源，恢复制动器常闭触点和清除锁存故障，然后上电，使电梯恢复正常。

f）同理，测试制动器 2。

③ 制动力的确认：一般在定期维护保养时维保单位应检测制动力。

（2）通力电梯的 UCMP 检验方法。

1）在次顶层入口处设置围栏，放置警示标志，并派专人看守。

2）如适用，短接抱闸触点。

3）把禁止外呼功能开关 261 打开（确认对应的灯亮）。

4）通过 LCE 输入界面使电梯运行到次顶层。

5）等待轿厢停止，门开。当门完成打开时，小心地拉动松闸手柄，使轿厢离开门区（等到门区信号灯 30 和平层信号灯 61 一灭，立即松开手柄）。确认检测到轿厢意外移动（故障代码 0005 出现）。

6）切断电源。等待电梯控制系统关闭。

7）打开电源，确认轿厢意外移动依然被检测到（故障代码 0005 不会消除）。

8）电梯设置成 RDF 模式（270 开关拨到"on"）。

9）电梯设置成正常模式（270 开关拨到"off"）故障代码 0005 不再显示，电梯就近平层。

10）如适用，恢复抱闸触点。

11）把禁止外呼功能开关 261 关闭（确认对应的灯灭），恢复正常用梯。

12）测量制停距离。

（3）日立电梯 UCMP 试验方法。

1）现场交付使用前验收指引。

第一步：UCMP 装置动作确认（若无微动平层和平层预开门功能，则忽略此步）。

具有微动平层功能时：在控制柜 SCB5 板插接 SC-8（FMLX）接线中串联一个 ON 状态开关→机房检修运行至门区且超平层 10mm→电梯启动微平时，把开关置于 OFF 状态→电梯停止并报副微机 30 故障→恢复电梯并清除故障。

有提前预开门功能但没有微动平层功能时：在控制柜 SCB5 板插接 SC-8（FMLX）接线中串联一个 ON 状态开关→电梯进入专用模式→召唤电梯向上或向下运行→电梯进入门区提前预开门时将开关置为 OFF 状态→电梯停止并报副微机 30 故障→恢复电梯并清除故障。

第二步：UCMP 移动距离验证。

手动方式：电梯进入机房检修→空载上行（或满载下行）运行电梯→加速到检测速度后，观察 CAIO 板 FML 平层信号灯，轿厢离开门区瞬间门区指示信号灯亮，迅速按急停按钮→测量轿门地坎与层门地坎之间的距离 S1→恢复电梯。

自动方式（需使用 PDA 操作）：电梯进入"UCMP"移动距离检测界面，

设置专用模式→点击"设置制动距离检测"进入"制动距离检测"模式，电梯报主微机 D2 故障→点击"设置最顶层运行"/"设置最底层运行"按钮，长按"设置关门启动"按钮直至电梯启动运行→电梯运行到达次顶层或次底层离开门区位置时电梯自动急停→打开厅门测量轿门地坎与层门地坎的距离 S1，操作电梯进入检修状态→退出专用状态并恢复电梯。

判断标准：

电梯额定速度＜300m/min 时：预期最高速度 0.815m/s；允许意外移动距离 $=0.481 \times H - 0.032$；预期最高速度 0.926m/s，允许最移动距离 $=0.460 \times H - 0.026$；

电梯额定速度＞300m/min 时：预期最高速度 0.851m/s；允许意外移动距离 $=1.000 \times H - 0.125$；预期最高速度 0.926m/s，允许最移动距离 $=0.9 \times H - 0.104$；

式中 $H = \min(EH - 1.0, h + 0.2, 1.2)$ 预期最高速度由制动器铭牌提供，EH 为开门高度，h 为轿门地坎到护脚板末端高度，如 S_1 满足 "$S_1 \leqslant$ 允许意外移动距离 $+0.125$" 即为合格。

第三步：制动器自检测验证。

电梯停止运行，断开控制柜主开关（AC 380V）→拨出"V1"插接→电梯上电，报出副微机 30 故障码→断电，恢复"V1"重新送电，确认副微机 30 故障码不被清除→按轿厢所在楼层厅外召，不响应开门→清除故障恢复电梯。

2）制动力矩定期检查方法。

手动方式：调整轿底架上的限位螺栓，使限位螺栓的上表面顶住轿底的下表面→轿厢运行至最底层平层位置，按下控制柜急停开关切断制动器电源→打下限速器压绳块压住限速器钢丝绳→空轿厢内放置150%额定载重称重砝码保持 10min→移出砝码恢复电样（注：当观察到轿厢地坎与层门地坎的相对位置存在变化的情况时，需检修制动器）。

注：当观察到观察刹车盘上标记相对制动器位置变化时，再次检查制动器是否正常，如无法调整应当更换制动器。

自动方式：预诊断制动力检测：确认电梯的平衡系数在 40%～50% 之间→电梯空载→电梯运行至中间层→操作 PDA 进入"制动力自动检测"界面，设置机房检修模式→点击"设置制动力自动检测"→按下 PDA 上的"GO"按键→开始作制动力预诊断检测，过程持续 5s→主接确器输出切断→退出机房检修模式→恢复电梯。

诊断制动力检测：确认电梯的平衡系数在 40%～50% 之间→电梯空载→电梯运行至中间层→操作 PDA 进入检修模式→进入 PDA→快捷键盘→输入 MOD＋57＋SET→控制柜主接确器吸合→按下"GO"/"START"按键→开始

作 150%制动力诊断检测，过程持续钓 5s→主接确器输出切断→退出机房检修模式→恢复电梯。

3）故障处理。

① 预诊断没有检出制动力异常，则不需要进行诊断测试。

② 当在上述预诊断模式下检出制动力异常，会报出副微机 d5 的 E 类故障，不影响电梯正常运行，可通过 PAD 清除故障记录清除，但务必立即进行诊断制动力检测操作。

③ 当在上述诊断模式下检出制动力异常，会报出副微机 34 的 A 类故障，电梯被锁定，不能再启动，必须对制动器进行检查、调整及确认后才清除故障。

（4）康力电梯的 UCMP 试验方法。

1）将空载电梯停在次顶层平层区，将电梯厅门与轿门关闭。

2）将电梯处于紧急电动状态，设置电梯紧急电动速度为 0.25m/s。

3）断开电梯主电源，将随行电缆轿门锁插件 CC 拔掉，或者断开轿门锁回路并做好防护。

4）根据不同的再平层板型号，在再平层输入端并接一个断路器或开关，并保持断开状态（表 8-2）：

表 8-2　　　　　　　　　　不同型号再平层板的输入

序号	再平层板型号	再平层输入端
1	SM-11-A	JP1.5、JP1.2
2	SM.11SF/A	JP1.1、JP2.1
3	KLA-MAN-01A（VM1）或 SJT-ZPC-V2A	JP1.5、JP1.2
4	KLA-MAN-01A	JP1.5、JP1.4

5）恢复电梯主电源，将上述断路器或开关闭合，按住控制柜内的上行与运行按钮（若有），此时电梯开始上行。

注：上述 3/4/5 步骤也可通过操作器实现：

KLS 二代系统：电梯处于"检修"状态，进入"增值功能"→"UCMP 上行测试"→"请切断门锁"→拔掉轿门锁插件 CC→"按 Enter 开始测试"→按下"Enter"键→按住上行+运行按钮（若有）；

KLB 二代系统：将电梯处于"检修"状态，设置 F1-21 驱动模式为 4，此时主控板数码块上显示 UC-1→拔掉轿门锁插件 CC→按住上行+运行按钮（若有），此时主控板上数码块显示 UC-2；

KLA 系统：将电梯处于"检修"状态→拔掉轿门锁插件 CC→进入 UCM 测试模式：系统测试→UCM 测试，将参数 L17 的"模拟门区位"打开（系统参数→位操作→L17，调整"模拟门区位"打开）→ 按住上行 + 运行按钮（若有）。

6）轿厢驶离门区后，将触发主机制动器使电梯停止。此时打开厅门，测量层门地坎和轿厢地坎的距离，应不超过现场轿厢意外移动允许移动距离。

7）测试完毕后，将检修速度恢复为初始值，并且恢复相关接线（恢复接线需在主电源断开情况下进行）。

八、事故案例与分析

案例 1 2012 年 4 月 11 日上午 10 点多，深圳布吉粤宝小区某女士带着孙女回家，当坐电梯到 6 楼，电梯门打开后，小孙女刚要踏出电梯，没想到这时电梯突然上行，眼看着小孙女就要被夹到，在这 3 秒不到的时间，卢女士将小孙女踢出电梯。卢女士腿被夹住了，动弹不得。二十多分钟后，电梯维修人员赶到，大约过了一个小时左右，她才被救出送往平乐骨科医院。

事故原因：事故现场被破坏，并于 4 月 12 日已经更换新的闸皮。怀疑制动力不足。

案例 2 2011 年 8 月 8 日 20 时 14 分，乘客罗某在广州市花都区金湖酒店 8 楼进入电梯过程时（电梯额定乘客数量为 10 人，此时轿厢内乘客为 13 人），由于电梯在层门与轿门均未关闭的情况下突然下滑，罗某在退出过程中受伤，好在站在电梯口处亲友们及时发现，三人合力拉住他的裤带才把他拉出来，后送院治疗。不然他就跟着电梯掉下去，早就没命了。

事故原因：电梯制动器故障，电梯在开门情况下非正常下滑是由于制动器制动力不足造成的。

案例 3 2007 年 6 月 29 日，深圳罗湖区爱国路某小区，一名女子从大厦中间楼层准备乘电梯下行，电梯门打开后，这名女子前脚刚迈进电梯，电梯突然下行，将当事女子夹在门缝中窒息身亡。

事故原因：修理工不熟悉该型号电梯，急于恢复电梯，人为短接门锁回路。

第九章

极限开关的检测方法

一、定义

电梯的极限开关（GB/T 7024—2008《电梯、自动扶梯、自动人行道术语》）：当轿厢运行超越端站停止装置时，在轿厢或对重装置未接触缓冲器之前，强迫切断主电源和控制电源的非自动复位的安全装置。

二、功能作用

当电梯运行到最高层或最低层时，为防止电梯由于控制方面的故障，轿厢超越顶层或底层端站继续运行（冲顶或撞击缓冲器事故），必须设置保护装置以防止发生严重的后果和结构损坏，这就是极限开关，如图 9–1 所示。

图 9–1　极限开关和限位开关

三、常见形式及工作原理

极限开关的控制一般都直接利用设置在轿厢上的打板，触动井道导轨上的极限开关来实现的。极限开关的结构一般有两种形式：电气式极限开关和机械电气式机械开关。

电气式极限开关是根据 GB 7588 的 10.5.3 中"通过一种电气安全装置切断向两个接触器线圈直接供电的电路"的要求而设置的。所采用的电气安全装置必须为安全触点型，这种型式的极限开关设置在井道顶部和底部，采用安全触点型开关，并由支架固定在导轨上。当轿厢超越上下端站一定距离时，在轿厢或对重撞击缓冲器之前，由安装在轿厢上的打板触动极限开关，切断主电路接触器线圈电源，断开主电路接触器，使驱动主机停止转动，并使驱动主机制动器动作，可靠制停电梯。电气式极限开关动作后被固定于轿厢上的打板压迫一直处于动作状态，在缓冲器被压缩期间也应保持其动作状态，只有在轿厢离开极限开关后才能复位。

机械电气式机械开关目前采用的已经较少了，GB 7588—2003《电梯制造与安装安全规范》规定允许极限开关的结构采用电气式或机械电气式，但要求用钢丝绳、传动带或链条等间接连接装置，并应设置防止这些间接连接部件断裂或松弛的检查开关。这种形式的极限开关是由上下碰轮、传动钢丝绳以及设置在机房中的专门的铁壳开关构成。钢丝绳一端绕在极限开关闸柄驱动轮上，另一端与装在井道内的上下碰轮连接。当轿厢或对重越过行程时，在其尚未接触到缓冲器时，由设置在轿厢上的碰铁触动井道上下端的碰轮，牵动钢丝绳并带动极限开关闸柄，使极限开关直接切断电梯的总电源（照明电源和报警装置电源除外）。

四、标准要求

GB 7588—2003《电梯制造与安装安全规范》要求：

10.5.1　总则：电梯应设极限开关；极限开关应设置在尽可能接近端站时起作用而无误动作危险的位置上；极限开关应在轿厢或对重（如有）接触缓冲器之前起作用，并在缓冲器被压缩期间保持其动作状态。

10.5.2.1　正常的端站停止开关和极限开关必须采用分别的动作装置。

10.5.2.3　对于曳引驱动的电梯，极限开关的动作应由下述方式实现：

a）直接利用处于井道的顶部和底部的轿厢；或

b）利用一个与轿厢连接的装置，如钢丝绳、皮带或链条。

该连接装置一旦断裂或松弛，一个符合 14.1.2 规定的电气安全装置应使电梯驱动主机停止运行。

10.5.3.2　极限开关动作后，电梯应不能自动恢复运行。

五、检规的要求、规范的试验方法以及检验仪器的使用

TSG T7001—2009《电梯监督检验和定期检验规则——曳引与强制驱动电梯》检验内容与要求：

3.10　极限开关：要求电梯井道上下两端应当装设极限开关，该开关在轿厢或者对重（如有）接触缓冲器前起作用，并且在缓冲器被压缩期间保持其动作状态。

检验方法：① 将上行（下行）限位开关（如果有）短接，以检修速度使位于顶层（底层）端站的轿厢向上（向下）运行，检查井道上端（下端）极限开关动作情况；② 短接上下两端极限开关和限位开关（如果有），以检修速度提升（下降）轿厢，使对重（轿厢）完全压在缓冲器上，检查极限开关动作状态。

1. 极限开关的功能检验方法

（1）监督检验工作指引。

1）检验人员在轿顶，以检修点动使轿厢上行，当人能触摸到极限开关时，先手动进行试验，查看限位开关（如有）、极限开关等是否有效。在各开关功能正常后，检修点动使轿厢上行，直至上限位开关动作后，短接限位开关。继续检修点动使轿厢上行，直至上极限开关动作。此时，如果电梯无法运行（包括上行和下行），则可以判定极限开关能可靠动作并保持动作状态。下极限开关的功能检验与上极限开关类似。

2）将电梯运行到上端站平层（图 9-2），在轿顶测量上极限开关与打板的距离 J_S 以及打板的长度 L。将电梯运行到下端站平层（图 9-3），在底坑测量下极限开关与打板的距离 J_X 以及轿厢与缓冲器的距离 H_X（如果有多个缓冲器，选最小值）。将电梯运行到上端站平层，在底坑测量对重与缓冲器的距离 H_S（如果有多个缓冲器，选最小值）。根据缓冲器的型式试验证书或报告以及现场核对，对重缓侧冲器的缓冲器行程 H_D 以及轿厢侧的缓冲器行程 H_J。判断是否满足下列四式要求：

$$J_S < H_S \leqslant H_M$$
$$J_X < H_X$$
$$H_M + H_D < J_S + L$$
$$H_X + H_J < J_X + L$$

H_M 是 3.16（5）项中对重装置撞板与其缓冲器顶面间的最大允许垂直距离。若同时满足以上要求，则判定此项合格。

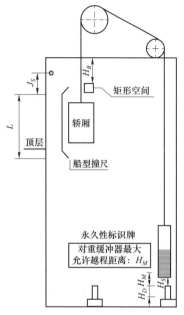

图 9-2　电梯运行至上端站平台

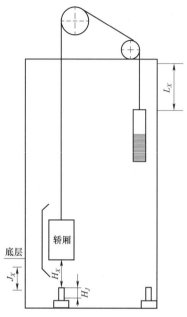

图 9-3　电梯运行至下端站平台

（2）定期检验工作指引。当监督检验已经按上述方法验证过，如果没有更换或移动缓冲器、极限开关等，只有电梯上端站平层时对重与缓冲器的距离 H_S 会因钢丝绳长度变化而变化，在此情况下可按下列方法进行定期检验：

1）检验人员在轿顶，以检修点动使轿厢上行，当人能触摸到极限开关时，先手动进行试验，查看限位开关（如有）、极限开关等是否有效。在各开关功能正常后，检修点动使轿厢上行，直至上限位开关动作后（图 9-4），短接限位开关。继续检修点动使轿厢上行，直至上极限开关动作（图 9-5）。此时，如果电梯无法运行（包括上行和下行），则可以判定极限开关能可靠动作并保持动作状态。

2）测量和判断轿厢在上端站平层时对重与缓冲器的距离 H_S 是否大于上极限开关与打板的距离 J_S（图 9-2），若 $H_S > J_S$，则可判断极限开关在接触缓冲器前起作用。

同样的方法可以验证下极限开关。

2. 极限与缓冲器开关动作关系的判定方法

（1）对于耗能型缓冲器，将轿厢运行到上端站平层作记号后，检修点动上行，让上限位开关（如果有）动作，短接上限位开关，再检修点动上行，直至上极限开关动作，短接上极限开关。若此时电梯能继续检修上行，且上行一段距离后停止运行（对重侧缓冲器开关动作），则可以判定极限开关在接

图9-4　打板压碰限位开关　　　图9-5　打板压碰极限开关

触缓冲器前起作用；短接缓冲器开关，继续提升轿厢，使得曳引绳在曳引轮上打滑而轿厢不再上行（同时可以验证 TSG T7001—2009 的 8.6 项），此时拆除上极限开关的短接线，如果电梯无法运行，则可以判定极限开关在缓冲器被压缩期间保持其动作状态。同样的方法可以验证下极限开关。

（2）对于蓄能型缓冲器，此项检验可以使用比较法。检验时，检修点动上行，当上极限开关动作后，可以测量层门与轿门地坎之间的垂直高度差 J_{S2}（图9-6），将此值和对重与缓冲器顶面的距离 H_S 相比较，如果 $J_{S2} < H_S$ 则极限开关动作满足在接触缓冲器前起作用的要求。接着，短接极限开关，继续提升轿厢，使得曳引绳在曳引轮上打滑而轿厢不再上行（同时可以验证 TSG T7001—2009 的 8.6 项），此时拆除上极限开关短接线，如果电梯无法运行，则可以判定极限开关在缓冲器被压缩期间保持其动作状态。同样方法可以验证下极限开关（图9-7）。

六、检验检测注意事项

（1）当对重（轿厢）接触缓冲器后，缓冲器的电气开关不一定立即动作。

（2）因点动运行有一定误差，如 J_{S2} 和 H_S 这两个数据较为接近的时候，容易误判。

（3）该方法只能判断当时电梯的状况，不能保证当对重装置撞板与其缓冲器顶面间的距离达到最大允许垂直距离时，上极限开关保持其动作状态（需进一步计算验证）。

图9-6 上限位开关动作时层门与轿门地坎之间的垂直高度差

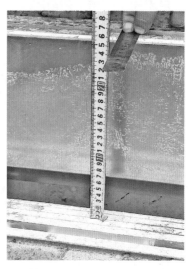

图9-7 下限位开关动作时层门与轿门地坎之间的垂直高度差

按 GB 7588—2003 要求生产的电梯，机房一般只有紧急电动运行而没有检修运行，因标准规定，紧急电动运行应使限速器、安全钳、上行超速保护装置的电气开关、极限开关和缓冲器开关失效。因此，在机房进行紧急电动操作，上述检验方法无法实现，只能在轿顶操作，如果在轿顶进行检修运行试验，则操作人员存在一定的危险。

第十章

超载保护装置的检测方法

一、定义

超载是指乘坐电梯的人或装载货物的重量超出电梯的额定载重量,一般是指超过电梯额定载荷的 10%,并至少为 75kg。

二、功能作用

电梯超载保护装置是防止电梯超载运行的重要保护装置,对电梯的运行安全起着至关重要的作用。特别是电梯在无司机操作状态下,超载保护功能对于确保乘客人身安全和电梯运送货物以及电梯设备自身安全等都起着非常重要的作用。

三、结构及工作原理

超载保护装置具有多种形式,但都是利用称重装置,原理将电梯轿厢的载重量通过称重装置,反应给超载控制电路。称重装置可以设置在轿底、轿顶及机房内。当轿厢内负载超过额定载重量时,能发出警告信号〔如超载蜂鸣器发出响声和(或)光信号提示〕,并使电梯不能启动运行。常用的称重装置有按设置位置分为轿底称重式(图 10-1)、绳头安装式含轿顶称重式、机房称重式(图 10-2)。按结构形式可分为机械式、电磁式、传感器式。

超载保护装置一般设置在轿顶、轿底或绳头组合上,通过绳头弹簧或轿底橡胶在不同压力作用下产生的变形量的不同,触动微动开关发出信号或使传感器发出对应载荷的连续信号。当轿厢的载重量超出超载设定值时,微动开关或传感器动作触发控制系统发出超载警示信号,动力驱动的自动门完全打开,手动门保持在未锁状态。工作原理通过电梯的称重装置,断电梯是重荷运行还是轻荷运行,在重荷运行启动时给电机输入一个预负载电流以避免电梯启动时发生轿厢瞬间下滑或上滑的现象,由于现代电梯能在不同的负载

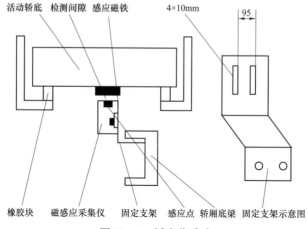

图 10-1　轿底称重式

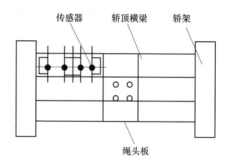

图 10-2　绳头安装式

情况下可以自动调整电梯的启动转矩，即根据电梯实际负载给出相应的启动，从而使电梯启动变得更为平稳顺畅。

　　图 10-3 是三菱品牌超载保护装置的结构，图 10-4 是超载控制装置示意图，该装置设置在绳头上，通过绳头弹簧在不同的压力作用下使其产生不同的变形量，并配合相应的传感器正确"感知"轿厢内的重量。

　　图 10-5 是蒂森品牌超载保护装置的结构，图 10-6 是超载控制装置示意图。在轿底上安装重量传感器，当置于弹性胶垫上的活动轿厢由于载荷增加向下位移时，由传感器发出与载荷相对应的连续信号，在超载（超过额定载荷10%）时动作，使由梯门不能关闭，电梯也不能起动，同时发出声响和灯光信号。

　　图 10-7 是日立电梯品牌，图 10-8 是奥的斯电梯品牌，该装置在底梁上安装若干个微动开关（触点），通过轿底橡胶在轿厢内不同的负载情况下触动微动开关发出信号。

图 10 - 3　三菱品牌超载保护装置结构

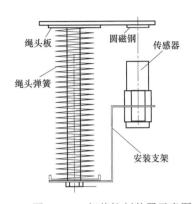

图 10 - 4　超载控制装置示意图

图 10 - 5　蒂森品牌超载保护装置结构

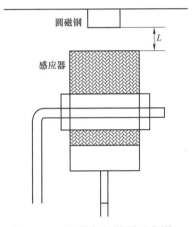

图 10 - 6　超载保护装置示意图

图 10 - 7　日立品牌电梯超载保护装置

图 10 - 8　奥的斯品牌电梯超载保护装置

四、标准要求

根据 GB 7588—2003《电梯制造与安装规范》第 14.2.5 条规定在轿厢超载时电梯上的一个装置应防止电梯正常启动及再平层，所谓超载是指超过额定载荷的 10%并至少为 75kg，在超载情况下：

（1）轿内应有音响和（或）发光信号通知使用人员。

（2）动力驱动自动门应保持在完全打开位置。

（3）手动门应保持在未锁状态。

（4）根据 7.7.2.1 和 7.7.3.1 进行的预备操作应全部取消。

五、试验方法

根据 TSG T7001—2009《电梯监督检验和定期检验规则——曳引与强制驱动电梯》要求：电梯应当设置轿厢超载保护装置，在轿厢内的载荷超过 100%额定载重量（超载量不小于 75kg）时，能够防止电梯正常启动及再平层并且轿内有音响或者发光信号提示，动力驱动的自动门完全打开手动门保持在未锁状态。

安装监督检验时，应进行加载试验，验证超载保护装置的功能，要求加载到 110%额定载重量（额定载重量小于 750kg 时为额定载重量加 75kg）之前超载保护装置应动作。虽然没有设定下限，但动作点应尽量接近额定载重量。

定期检验时，如果维保单位已进行加载试验，验证超载保护功能的有效性，并在自检记录或报告上有完整的记录，那么检验人员可通过手动试验验证其有效性则可，项应填写"资料确认符合"。对按 GB 7588—1995 或更早期标准生产的电梯，也应设置超载报警装置，否则，该项目应判为不合格。

六、检验检测注意事项

（1）电梯超载装置动作后，虽然电梯不能正常启动，但却能启动再平层功能，这是不允许的。

（2）电梯正常启动之后，至下次正常启动前控制系统应不响应超载装置给出的超载信号。

（3）电梯发出超载报警信号后，仍可进行内选和外呼信号登记，不影响电梯的楼层信号记忆功能。

七、事故案例与分析

案例 1 2011 年 9 月 10 日凌晨，东莞市某酒店内商务写字楼 A1 电梯突发事故，电梯轿厢从 19 楼直接坠落，停顿 1 秒后继续下坠，掉到负一层。此次事故造成 12 人伤势较重需要住院治疗。该电梯额定载重量 1000kg，限载 13 人。

原因分析：由于电梯超载保护装置失效，轿厢没有发出警示报警信号，致使乘客超限进入轿厢，电梯超载下行，继而引发超速，下行超速导致电梯限速器电气开关动作，切断主回路和制动器控制回路，制动器动作抱闸，使电梯在七楼减速，但由于轿内乘客多达 21 人，严重超载，制动器未能有效制停电梯，稍作停顿后继续下坠，直至下滑到负一楼，轿厢蹲底撞击缓冲器后才停止下滑。与此同时，对重冲顶，对重块固定螺栓脱落，引发其中一块对重块跌落轿顶砸伤轿内人员。

案例 2　2011 年 8 月 10 日，广州某酒店其中一台电梯，电梯从 14 楼正常下行到 8 楼后，进入多人，电梯在下行时突然失去控制，从 8 楼直坠而下冲底，造成部分人员重伤，多人轻伤。

原因分析：电梯超载装置失效，没有发出超载声光报警信号，使电梯超载运行，引发严重事故。

案例 3　2008 年 6 月，某市一台 8 层站的观光电梯，额定载重量 1000kg，限载 14 人，向下运行发生故障，乘客被困轿厢。

原因分析：这是由于轿厢进行重新豪华装修后，仍将超载保护装置调整为原来的额定载重量（14 人），造成轿厢乘坐 14 人后报警装置仍未发出超载报警信号，向下运行时发生故障，将乘客困于轿厢内。其实，轿厢装修后，电梯实际的乘客量应该比原来额定的乘客量小，电梯实际已处于超载运行状况。

案例 4　2007 年 2 月 6 日，延安一商业大厦电梯突然发生故障，25 人被困约 18 分钟，导致其中 8 人昏倒。

原因分析：出事的电梯额定载重量为 1000kg，乘载 13 人，导致事故的主要原因是电梯超载保护装置精度和灵敏度不够，导致乘客进入轿厢严重超载后电梯仍未发出超载报警信号，启动运行后发生故障，电梯制停，导致乘客被困。

从上述多起事故案例的分析可知，超载保护装置作为电梯的重要安全保护措施，其产品功能的准确性和可靠性影响电梯能否安全运行。因此，应高度重视以下几个方面：

（1）超载保护装置的质量问题。一些简易的超载保护装置受安装因素的影响很大，使用一段时间后会出现严重误差或者损坏，导致电梯超载后无法起到应有的保护作用。

（2）维护保养不到位的问题。有的维护保养单位没有落实安全主体责任，安全意识淡薄，管理不到位，维保人员走过场，没有对超载报警装置进行有效性和准确性检查。

（3）声光报警信号失效的问题。有的电梯虽已超载，但轿厢没有发出声光报警信号，乘客不知道，继续涌入电梯，导致电梯严重超载。此时，虽然电梯无法关门运行，但由于严重超载，当制动器的制动力不足以克服轿厢的重量时，电梯就会发生溜车坠落事故。

（4）对电梯轿厢进行装修问题。装修后的电梯必须进行平衡系数的校核、曳引能力的验证以及超载报警装置的校准。

第十一章

限速器安全钳联动试验的检测方法

一、定义

1. 限速器的定义

限速器是电梯安全控制部件之一,是检测电梯系统(包括轿厢、对重及平衡重)运行是否超速的装置。

2. 安全钳的定义

安全钳是电梯的安全保护装置。电梯安全钳装置是在限速器的操纵下,当电梯速度超过电梯限速器设定的限制速度,或在悬挂绳发生断裂和松弛的情况下,将轿厢紧急制停并夹持在导轨上的一种安全装置。它对电梯的安全运行提供有效的保护作用,一般将其安装在轿厢架或对重架上。

3. 限速器—安全钳联动试验

限速器—安全钳联动试验是对电梯的限速器—安全钳系统功能安全性及运行可靠性的验证试验。

4. 限速器—安全钳系统

限速器—安全钳系统是由电梯的限速器和安全钳组成的安全保护装置。限速器的钢丝绳绕着绳轮和底坑中的胀紧轮形成一个闭环,其绳头部与轿厢紧固在一起,并通过机械连杆与安全钳连起来。如果轿厢超速,限速器立即动作,触发夹绳装置夹紧钢丝绳。当轿厢下降时,钢丝绳拉动安全钳运作使安全钳对导轨产生摩擦力,把轿厢迅速制动在导轨上,停止运动,如图 11-1 所示。

二、功能作用

限速器和安全钳是电梯的安全保护装置。限速器随时监测控制着轿厢的速度,当出现超速度情况时,即速度超过电梯额定速度的 115% 时,能及时发出信号,限速器的电气保护装置动作切断供电电路,使曳引机制动。如果电梯仍然无法制动则由限速器触发安装在轿厢的安全钳动作将轿厢强制制停在导轨上,并保持静止状态，从而避免发生人员伤亡及设备损坏事故。限速器是指令发出者，而安全钳是执行者。两者的共同作用组成了限速器—安全钳系统，才出现了安全电梯之说。

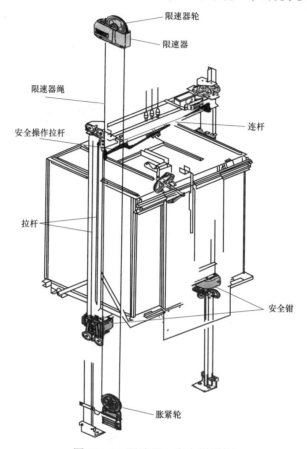

图 11-1　限速器—安全钳系统

三、结构及工作原理

1. 限速器结构与工作原理

按照不同的分类方法，电梯限速器可分为不同类型。

按钢丝绳和绳槽的不同作用方式可以分为摩擦式（或曳引）和夹持式（或夹绳式）两种。

按照限速器超速不同的触发原理又可分为摆球式和离心式两种，其中离心式限速器又可分为垂直轴甩球式和水平轴甩块式两种。

目前使用较多的限速器主要有以下种类，各自具有相应的特点和适用范围，见表 11-1。

110

表 11－1　　　　　　　　　　　常用限速器种类及适用范围

种类		适用速度	安全钳	使用特点
摆锤式	下摆杆凸轮棘爪式	1m/s 以下	瞬时式	结构简单制造维护方便，缺乏可靠的夹绳装置，多用于低速电梯
	上摆杆凸轮棘爪式			
离心式	甩块式　刚性夹持式	1m/s 以下	渐进式	夹持力不可调，工作时对钢丝绳损伤较大
	甩块式　弹性夹持式	1m/s 以上	渐进式	工作时对钢丝绳损伤小，多用于快速梯
	甩球式（多为弹性夹持式）	各种速度	渐进式	结构简单可靠，反应灵敏，用于快、高速梯

下面给出几种常见限速器的结构图（图 11－2～图 11－7）。

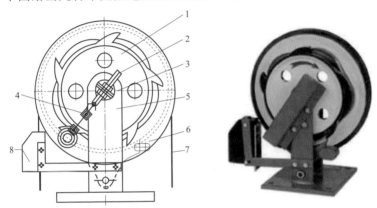

图 11－2　下摆杆凸轮棘爪式限速器

1—制动轮；2—拉簧调节螺钉；3—制动轮轴；4—调速弹簧；5—支座；

6—摆杆；7—限速器绳；8—超速开关

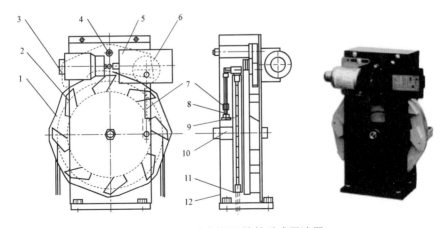

图 11－3　上摆杆凸轮棘爪式限速器

1—凸轮；2—棘爪；3—摆杆；4—摆杆转轴；5—超速电气开关；6—限速胶轮；7—调速弹簧；

8—拉簧调节螺杆；9—限速器绳轮；10—转轴；11—限速器绳；12—机架

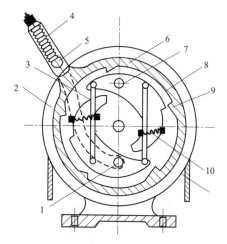

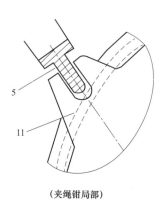

（夹绳钳局部）

图 11-4　刚性夹持式甩块限速器

1—销轴；2—限速器绳轮；3—连接板；4—绳钳弹簧；5—夹绳钳；

6—制动圆盘（棘齿罩）；7—甩块（离心重块）；8—心轴；

9—棘齿；10—拉簧；11—限速器钢丝绳

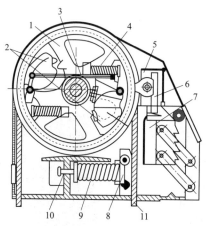

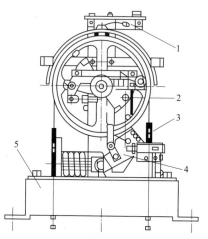

图 11-5　甩块式弹性夹持限速器（一）

1—限速器绳轮；2—甩块；3—连杆；4—螺旋弹簧；

5—超速开关；6—锁栓；7—摆动钳块；8—固定钳块；

9—压紧弹簧；10—调节螺栓；11—限速器绳

图 11-6　甩块式弹性夹持限速器（二）

1—超速开关；2—锤罩；3—限速器绳；

4—夹绳钳；5—底座

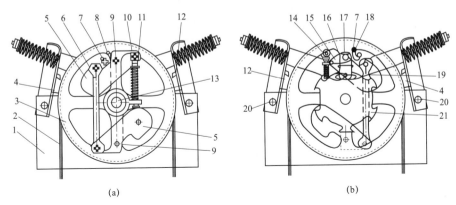

图 11-7　双向限速器结构

（a）正视方向；（b）后视方向

1—限速器体；2—限速器绳；3—限速器绳轮；4—左夹绳臂与夹块；5—离心锤；6—离心锤联动拉杆；

7—触发锁舌；8—触发锁舌转轴；9—离心锤转轴；10—离心锤回位接头；11—离心锤回位弹簧；

12—右夹绳臂与夹块；13—限速器绳轮转轴；14—制动块销轴；15—制动块；16—制动块扭簧；

17—制动块转轴；18—触发锁舌扭簧；19—花盘销轴；20—夹绳臂转轴；21—花盘

　　限速器工作原理：限速器随时监测电梯运行速度，出现超速时，及时发出信号，继而产生机械动作。限速器被触发后先切断控制电路，利用曳引机制停轿厢。 若无效则进一步触发安全钳（夹绳器），将轿厢强制制停或减速。《电梯制造与安装安全规范》（GB 7588—2003）规定：限速器在轿厢速度至少等于电梯额定速度的 115% 时方可动作；限速器动作时，限速器绳的张力不得小于安全钳起作用所需力的两倍或 300N；限速器绳最小破断载荷与限速器动作时限速器绳张力安全系数应大于 8，限速器绳公称直径不小于 6mm；限速器绳必须配有张紧装置，张紧轮上须装设导向装置。限速器装置由限速器、限速器绳及绳头、绳张紧装置等组成。限速器多安装于机房，限速器绳绕过限速器绳轮，穿过机房地板上的限速器绳孔，竖直贯穿井道总高，延伸至底坑中限速器绳张紧轮并形成回路；限速器绳绳头连接到轿厢顶的连杆系统，并通过操纵拉杆与安全钳相连。电梯正常运行，轿厢与限速器绳同速升降，两者间无相对运动，限速器绳绕绳轮运行；当电梯超速并达到限速器设定值时，首先触发超速电气开关实施断电制动，若无效则限速器夹绳装置将限速器绳夹住，使其不能移动，随着轿厢的移动，限速器绳绳头与安全钳拉杆间出现相对运动，拉杆驱动安全钳制动元件，安全钳制动元件则紧密地夹持住导轨，摩擦力将轿厢制停在导轨上。

　　2. 安全钳的结构与工作原理

　　常用安全钳包括瞬时式和渐进式两种。瞬时式是在安全钳动作后瞬间制动

113

电梯轿厢，它制动时间短但冲击大，一般只用于速度比较低的载货电梯（图11-8）。渐进式是在安全钳动作后滑动一段时间，逐渐减速至制动，减速度须小于重力加速度，该类安全钳广泛用于载客电梯（图11-9）。

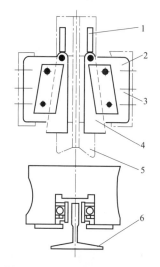

图 11-8 楔块型瞬时式安全钳

1—拉杆；2—安全钳座；3—桥厢下梁；
4—楔（钳）块；5—导轨；6—盖板

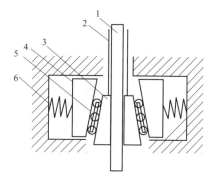

图 11-9 渐进式安全钳

1—导轨；2—拉杆；3—楔块；
4—钳座；5—滚珠；6—弹簧

安全钳的工作原理：由安全钳杠杆带动限速器钢丝绳，由张紧轮保持限速器钢丝绳与限速器轮的摩擦力，使得限速器轮转速与轿厢运行速度保持一致。在轿厢（安全钳、安全钳拉杆、限速器钢丝绳、限速器轮）运行速度≥115%额定速度时，限速器动作，由刹绳块压迫限速器钢丝绳，使其停止运转，并带动安全钳杠杆，使安全钳动作。轿厢继续下降时，作用在限速器绳上的牵引力把机械连杆向上提起，带动安全钳拉拉动作，在安全钳拉杆的拉动下，楔块被急速提起，通过楔块与导轨间摩擦和压力，夹住导轨，使轿厢迅速而安全地停止运动。

四、标准要求

当轿厢速度超过额定速度的115%，并且在到达以下限制速度之前，限速器必须启动：

（1）对于瞬时型安全钳，0.80m/s的速度（滚柱式除外）。

（2）对于滚柱式瞬时型安全钳，1.0m/s的速度。

（3）对于具有缓冲效果的安全钳，和对于用于额定速度不超过 1.0m/s 的渐进式安全钳，1.5m/s 的速度。

（4）对于用于额定速度超过 1.0m/s 的渐进式安全钳，$1.25V + 0.25/V$ 的速度。

限速器是一种安全装置，因此在产品上市前，制造商应该按照 EN81-1/2 标准的附录 Fo4 进行评估。如果评估结果是肯定的，将签发型式证书，并必须附在设备上。设备上同时显示 CE 标志。

安全钳分为瞬时式安全钳和渐进式安全钳，瞬时式安全钳使用小于或等于 0.63m/s 的电梯，渐进安全钳用于大于 0.63m/s 的电梯。

对限速器—安全钳联动机构一些要求：

（1）安全钳要有一个电气安全保护装置，该装置用来保证在安全钳动作之前同时切断电动机的供电电源。

（2）当对电梯进行试验检查时，轿厢装有额定载重量进行试验，安全钳应能动作制停电梯，这时电梯轿厢的平均减速度应在 0.2g～1.0g 之间。

（3）安全钳动作时。电梯轿厢地板不能有明显的倾斜，一般不能超过 5%。

五、试验方法

电梯限速器安全钳试验是电梯检验过程中必须检验的项目，它是确保电梯安全钳能否可靠有效起作用的重要验证手段。因为电梯限速器和安全钳属于一套完整的联动机构，所以常常称谓安全钳联动试验。其中限速器属于动作触发机构，安全钳属于动作执行机构。因电梯的结构形式不同，限速器的结构也有很大的区别。比如有机房限速器和无机房限速器结构有很大的区别。

1. 有机房试验方法

以日立电梯 BDS-8WS2R 型限速器为例（图 11-10）。

（1）将电梯开至较低层站，拉动触发锁舌。

（2）电梯处于检修状态，以检修速度下行，限速器夹紧联动钢丝绳，驱动安全钳提拉机构，使安全钳动作，将轿厢夹紧于导轨上，同时安全钳电气开关动作（图 11-11）。

（3）恢复触发锁舌状态，以检修速度上行，解除安全钳动作状态，复位安全钳电气开关（如需手动复位）。

图 11-10　日立电梯 BDS-8WS2R 型限速器

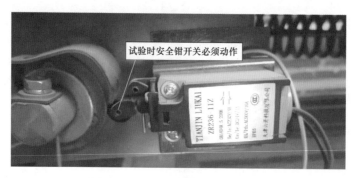

试验时安全钳开关必须动作

图 11 – 11　安全钳电气开关动作图

2. 无机房电梯试验方法

（1）电气操纵限速器的无机房电梯。主要由电磁阀来控制限速器动作及复位（图 11 – 12）。

控制限速器动作及
复位的电磁阀

图 11 – 12　电磁阀

1）将电梯开至较低层站，按下操纵面板上的动作按钮（图 11 – 13，厂家另有说明按厂家说明），限速器楔块动作。

2）拨动紧急电动/正常开关按钮，将电梯处于紧急电动状态，按下慢下按钮使轿厢以检修速度下行，限速器夹紧联动钢丝绳，驱动安全钳提拉机构，使安全钳动作，将轿厢夹紧于导轨上，安全钳电气开关动作。

3）轿厢完全停止后，按慢上按钮，以检修速度上行，解除安全钳动作状态，同时按复位按钮（厂家另有说明按厂家说明），解除限速器动作状态，复位安全钳电气开关（如需手动复位）。

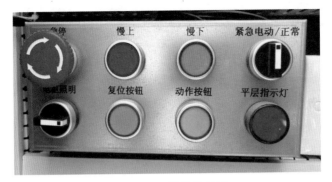

图 11-13 检修控制板

（2）机械操纵限速器的无机房电梯（图 11-14）。

图 11-14 机械操纵的无机房限速器

1）将电梯开至较低层站，拉动机械动作拉环，触发锁舌使限速器楔块动作。

2）将电梯处于检修状态，以检修速度下行，限速器夹紧联动钢丝绳，驱动安全钳提拉机构，使安全钳动作，将轿厢夹紧于导轨上，安全钳电气开关动作。

3）以检修速度上行，解除安全钳动作状态，同时拉动机械复位拉环，解除限速器动作状态，复位安全钳电气开关（如需手动复位）。

六、检验注意事项

限速器—安全钳联动装置是电梯定期安全检验最为重要的项目之一，为了保证电梯发生超速时轿厢内乘客的安全，就要确保该联动装置的动作可靠有效。因此，检验人员在定期中，必须特别重视这一项目的检验，督促维保单位务必严格按照 TSG T5002—2017《电梯维护保养规则》进行保养。在定期检验过程中要注意以下几点：

（1）要认真检查限速器安全钳联动装置的运转情况，确保电气开关在夹紧限速器绳之前能被触发。

（2）应对安全钳联杆装置进行认真检查，特别对于使用时间较长的电梯，要检查其联动机构转动是否灵活，另外，安全钳联杆装置在提拉时应能使安全钳电气开关动作。

（3）维保单位应做好定期保养工作，确保限速器甩块转动部件没有卡阻现象，同时，还应检查限速器绳与绳槽是否有磨损情况。

（4）要定期检验限速器的动作的情况，保证限速器的动作有效。

（5）应认真检查限速器转动部位的铅封和标记，确保没有被拆卸调整情况。

（6）切勿在限速器—安全钳联动试验完成后直接用手伸入限速器旋转部件内部进行复位。电梯上行恢复的过程中，由于限速器的结构特性，此时限速器钢丝绳可能由于较大的摩擦力仍被夹紧在压块与限速器之间，相对限速器并没有移动，致使限速器张紧装置跟随轿厢提升，产生势能，一旦拉力超过压块摩擦力的临界点，压块松开，势能释放，限速器将急速旋转，若直接伸手复位即有受伤可能。

七、常见问题

（1）打滑。由于限速器轮轮槽的磨损，限速器钢丝绳的位置下降，夹绳钳接触不到钢绳或制动力不够，造成限速器钢绳打滑。

（2）限速器动作失效。限速器的动作速度整定值设置太大，当电梯超速行驶时，速度仍小于整定设计值，限速器没起作用，造成失效。

（3）由于电梯长时间使用，安全钳楔块内遗留很多灰尘、沙子及油泥等污染物.导致导轨不能被安全钳楔块夹住，不能有效夹紧导轨。

（4）由于电梯使用时间较长，限速器弹簧弹力减弱，影响限速器动作，造成失效。

（5）新安装的电梯存在限速器动作方向装反的现象，限速器不起作用。

（6）电梯在正常使用的过程中，限速器—安全钳联动机构未及时按照 TSG T7001—2009 规定的检测要求和周期进行相关试验，存在部分动作部件失效的情况。

（7）安全钳的提拉机构没有有效润滑，导致限速器钢丝绳拉力不足，造成失效。

（8）安全钳提拉机构结构尺寸或安装尺寸不正确，提拉杆行程不够，提拉不到位，使楔块接触不到轨道工作面，造成功能失效。 处理方法：不同种类的电梯安全钳的提拉机构结构也不相同，但多数都是曲柄连杆机构，可通过调整连杆机构的结构尺寸，来改变提拉杆的有效行程。

第十二章

轿门开门限制装置的检测方法

一、定义

轿厢停在开锁区域之外，从轿厢内往轿门开启方向施加规定的力时，限制轿门能够被打开的机械装置，也称轿厢防扒门装置。

说明：为了限制轿厢内人员在非开锁区域开启轿门而引出的，见 GB 7588—2003《电梯制造与安装安全技术规范》第 1 号修改单，第 8.11.2 条。目的是防止轿厢内人员自救而引发的危险状况。

二、功能作用

为了防止电梯在非开锁区域时，轿厢内的人员扒开轿门后引发诸如夹在井道壁与轿门之间、坠入井道等危险行为，保护轿厢内乘客的人身安全。

三、常见形式及工作原理

1. 轿门开门限制装置与轿门锁的异同

在实际检验过程中，部分经验不足的检验人员往往对轿门开门限制装置和轿门锁区分不清，造成检验项目误判。轿门开门限制装置和轿门锁的异同点见表 12－1。

表 12－1　　　　　轿门开门限制装置和轿门锁的异同点

序号	项目	轿门开门限制装置	轿门锁
1	涉及条款	8.11.2	8.9.3、11.2.1c
2	保护目的	防止开锁区域外从轿厢内扒开轿门	防止行轿厢内扒开轿门发生坠入风险
3	设置条件	必须安装	井道内表面与轿厢地坎、轿厢门框架或滑动门的最近门框边缘的水平距离超过 0.15m 或超过 11.2.1a，11.2.1b

续表

序号	项目	轿门开门限制装置	轿门锁
4	强度要求	（1）轿厢运行时，开启轿门的力应大于50N； （2）在该装置上施加1000N的力，轿门的开启不能超过50mm	（1）沿着开门方向作用300N力的情况下，不降低锁紧的效能； （2）在锁高度处沿开门方向上承受1000N（滑动门）或3000N（铰链门的锁销上），无永久变形
5	机械结构	无要求	（1）锁紧元件啮合不小于7mm时才能启动； （2）锁紧元件及其附件应是耐冲击的，应用金属制造或金属加固； （3）应由重力、永久磁铁或弹簧来产生和保持锁紧动作
6	电气安全装置	无要求	应设置验证门扇锁闭状态的电气安全装置
7	安全部件	不属于安全部件，无需进行型式试验	属于安全部件，必须进行型式试验
8	互替性	轿门开门限制装置不可以当轿门锁使用	轿门锁可以当做轿门开门限制装置使用
9	作用范围	整个井道： （1）开锁区以外承受1000N的力，轿门的开启不能超过50mm； （2）轿厢运行时，开启轿门的力大于50N	轿厢处于开锁区以外
10	轿内打开	A 开锁区域内：能够开启 （1）开启轿门的力不过300N； （2）不用工具	A 开锁区域内：能够开启，开启轿门的力不超过300N
10	轿内打开	B 开锁区以外，UCMP制停区域内：不能开启，承受1000N力，轿门的开启不能超过50mm	B 开锁区域以外，UCMP制停区域内：不能开启
10	轿内打开	C 开锁区以外，UCMP制停区域以外：不能开启，承受1000N力，轿门的开启不能超过50mm	C 开锁区域以外，UCMP制停区域以外：不能开启
11	层站打开	A 开锁区域内： （1）能够开启，且开启轿门的力不超过300N； （2）用三角钥匙开锁或通过轿门使层门开锁后	A 开锁区域内：能够开启，且开启轿门的力不超过300N
11	层站打开	B 开锁内以外，UCMP制停区域内：能够开启 （1）不用工具； （2）用三角钥匙； （3）永久性设置在现场的工具	B 开锁内以外，UCMP制停区域内：能够开启 （1）不用工具； （2）用三角钥匙； （3）永久性设置在现场的工具
11	层站打开	C 开锁区域以外，UCMP制停区域以外：无要求	C 开锁区域以外，UCMP制停区域以外：无要求

目前市面上所采用的轿门开门限制装置种类繁多,总的来说,可以分为直接式和间接式两个类型。

2. 直接式

直接式轿门开门限制装置类似层门门锁,一般由锁紧元件强制操作而没有任何中间机构,部分型号带有电气装置。

如图 12-1 和图 12-2 所示,蒂森电梯的 KM400 开门限制装置和 JMS400 型号轿门锁装置,机械构造完全一样,差别仅在于有无电气装置。

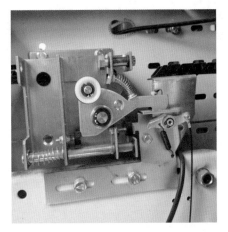

图 12-1　蒂森电梯 KM400 型号开门限制装置

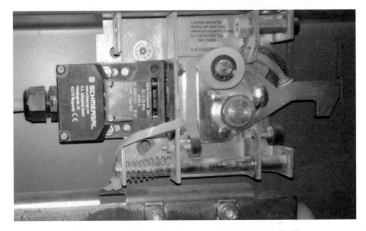

图 12-2　蒂森电梯 JMS400 型号轿门锁装置

如图 12-3 和图 12-4 所示,日立电梯开门限制装置类似层门锁机械机构,允许被扒开不大于 50mm 的间隙。其他样式的开门限制装置如图 12-5～图 12-9 所示。

图 12-3　日立电梯开门限制装置闭合状态

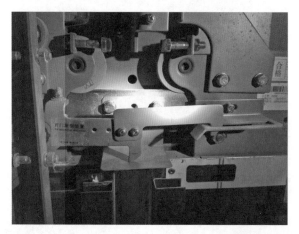

图 12-4　日立电梯开门限制装置被扒开状态

图 12-5　其他样式的开门限制装置（一）（不带电气装置）

图 12-6　其他样式的开门限制装置（二）（带电气装置）

图 12-7　其他样式的开门限制装置（三）（带电气装置）

图 12-8　其他样式的开门限制装置（四）（带电气装置）

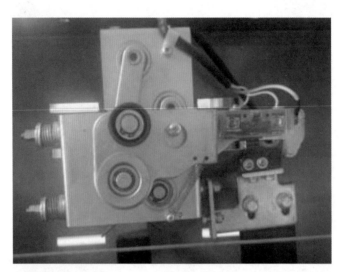

图 12-9　其他样式的开门限制装置（五）（带电气装置）

图 12-10　设在层门门头的开启门刀

为了打开一些种类的轿门开门限制装置，需在每个层门处设置开启门刀（图 12-10）。普遍的设计是将轿门刀设计的比层门刀长一些。层门刀太长，当轿厢没到达开锁区域的时候，可能就可以在轿厢内开启轿门了，不满足第 1 号修改单第 8.11.2 和 EN81-20 5.2.5.3.1 c）条。层门刀设计的太短，在开锁区域不能在轿厢内开启轿门，不能满足 EN 81-20 第 5.3.15.1 和 5.3.15.4 条。

3. 间接式

间接式轿门开门限制装置通常是通过轿门被人为扒开，轿门带动其他机械结构而实现功能。目前大部分厂家是采用一体式异步门刀防扒装置（图 12-11 和图 12-12）。

一体式异步门刀防扒装置的工作原理是：如图 12-13 所示，一体式异步门刀防扒装置的防扒门刀通过连接臂和轴固定在门

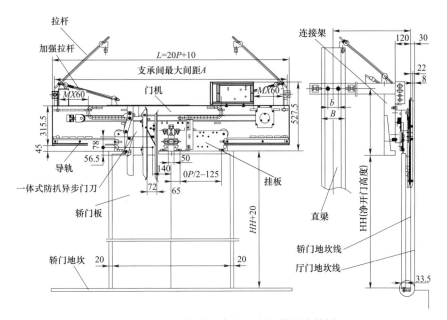

图 12-11 一体式异步门刀防扒装置总体图

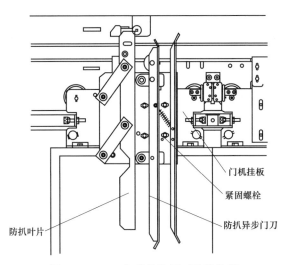

图 12-12 一体式异步门刀防扒装置

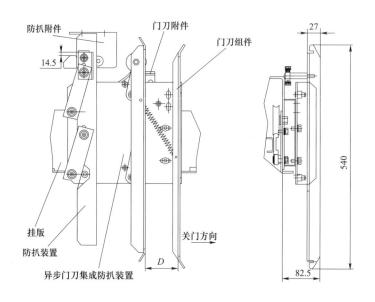

图 12 - 13　一体式异步门刀防扒装置

刀底板上，同时防扒门刀上装有防扒钩子。电梯关门且处于平层状态时，在防扒门刀和防扒附件中的止动滚轮（安装在厅门挂板上）作用下，防扒钩子与防扒附件上的钩子处于脱离状态，门机可以被打开（图 12 - 14）。在门机打开的过程中，在厅门门头上装有的解锁滚轮组件的作用下，防扒门刀一直随门机挂板作水平平移运动，无垂直方向上的运动。但当在门关闭且处于非平层状态时，在门机在外力（人为扒开）作用下，轿门被逐渐打开，在此过程中防扒门刀在门机挂板的水平平移运动和自身的重力的作用下有垂直运动的过程，　此时防扒门刀上的钩子与防扒附件上的钩子逐渐啮合，最后当轿门被扒开一定距离时（小于 50mm），防扒门刀上的钩子与防扒附件上的钩子钩住，轿门将无法被扒开，防止轿厢内受困乘客从轿内爬出，从而避免安全事故的发生。

　　奥的斯电梯作为较早使用轿门开门限制装置（防扒门）的电梯品牌，其开门限制装置和上述一体式异步门刀防扒装置有所不同，它一般是采用两边分设的布置，但动作原理基本是一致的（图 12 - 15、图 12 - 16）。三菱电梯的开门限制装置和开启门刀如图 12 - 17、图 12 - 18 所示。

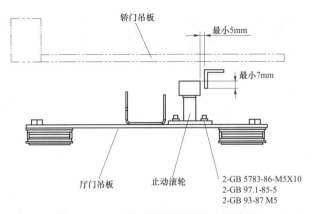

图 12-14　安装在层门门头的止动滚轮

图 12-15　奥的斯电梯的防扒装置

图 12-16　奥的斯电梯防扒装置的止动滚轮

图 12-17　三菱电梯的开门限制装置

图 12-18　三菱电梯设在层门门头的开启门刀

四、标准要求

GB 7588—2003《电梯制造与安装安全规范》（第 1 号修改单）要求：

8.11.1　如果由于任何原因电梯停在开锁区域（见 7.7.1），应能在下列位置用不超过 300N 的力，手动打开轿门和层门：

a）轿厢所在层站，用三角钥匙开锁或通过轿门使层门开锁后；

b）轿厢内。

8.11.2　为了限制轿厢内人员开启轿门，应提供措施使：

a）轿厢运行时，开启轿门的力应大于 50N；和

b）轿厢在 7.7.1 中定义的区域之外时，在开门限制装置处施加 1000N 的力，轿门开启不能超过 50mm。

8.11.3　至少当轿厢停在 9.11.5 规定的距离内时，打开对应的层门后，能够不用工具从层站打开轿门，除非用三角形钥匙或永久性设置在现场的工具。本要求也适用于具有符合 8.9.3 的轿门锁的轿门。

8.11.4　对于符合 11.2.1c）的电梯，应仅当轿厢位于开锁区域内时才能从轿厢内打开轿门。

根据上述要求，我们可以判断轿门开门限制装置必须满足上面机械部分的要求，对电气装置没提出要求，不需要进行型式试验，满足要求的符合 11.2.1c）的电梯的轿门锁可以等效轿门开门限制装置。

五、检验方法与检测仪器

1. 具体检验方法

（1）50N 力的施加和施加的位置：沿开门方向施加在开门限制装置上。

（2）1000N 力的施加和施加的位置：沿开门方向施加在开门限制装置上。

（3）不大于 50mm 间隙的测量位置：在轿门有效开门高度内，中分式轿门扇之间或者旁开式轿门扇与门框（侧立柱）之间的缝隙。

在检验时，如果轿门开门限制装置无法提供型式试验合格证书，虽然轿门开门限制装置也配有电气开关，在外观上轿门开门限制装置与轿门锁没什么区别，但此时轿门开门限制装置不可以当轿门锁使用。此时，对检规 TSG T7001—2009 中 3.7 项与轿厢与面对轿厢入口的井道壁的间距这一项必须进行检验，而且要满足要求。同时人在轿厢内将轿厢停在开锁区域外，对轿厢门机进行断电，检验人员在轿厢内使出 1000N 的力（水平冲击力，一个人可能施加的作用力）扒开轿门，轿门开启距离不超过 50mm 即可。

2. 检验仪器

目前市面上专门用于检测轿门开门限制方面的仪器不多，常见的检验仪器有大连凯晟科技发展有限公司的KDL－1电梯开门限制装置测试仪（图 12－19）和大连徕特光电精密仪器有限公司的 LMF－1 电梯层门与轿厢门人力施加测量仪（图 12－20）。

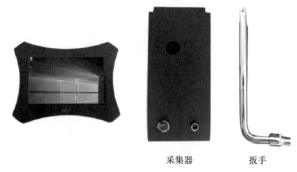

采集器　　　　扳手

图 12-19　电梯开门限制装置测试仪

图 12-20　人力施加测量仪

六、检验注意事项

（1）从标准规定看，轿门开门限制装置不需要电气验证锁紧元件装置，只有轿门本身自带的轿门关闭电气触点。

（2）国家标准应该是最低要求，而部分厂家为了提高安全性能，产品标准高于国家基本标准加装电气装置则更好。

（3）轿门开启一定距离后，还能增加轿厢的通风，也便于轿厢内的信号（声音、电话信号）向外界传递，让被困乘客能更早更安全的得到救援。

七、事故案例与分析

随着社会的进步和经济的发展，城市中高层建筑越来越多，电梯在人们生活中起着不可或缺的作用，而电梯运行的安全性与平稳性也越发受到人们的关注。但是由于停电或电梯故障等造成的电梯困人事故也时有发生，因为救援不当或被困人员采取扒门自救等情况，被困人员出现剪切或者坠落等安全事故也不少见。"电梯在开锁区域外，需设置轿门开门限制装置"的规定，限制了轿内被困人员在电梯处于非平层区域时将轿门扒开的行为。这样，将有效防止乘客因盲目自救扒开轿门的情况，降低乘客从轿厢坠落井道的风险。

参 考 文 献

［1］ 陈璐阳，庞秀玲，陈维祥，等. 电梯制造与安装安全规范——GB 7588 理解与应用［M］. 2 版. 北京：中国质检出版社，2017.

［2］ 高勇. 电梯质量监督及检验技术［M］. 西安：西北工业大学出版社，2014.

［3］ 张磊. 电梯作业人员实务基础［M］. 天津：天津人民出版社，2017.

［4］ 朱德文，李大为. 电梯安装与维修图解［M］. 北京：机械工业出版社，2011.

［5］ 徐青，史熙. 高速电梯安全钳制动实验分析［J］. 机械设计与研究，2017－10－20.

［6］ 任俊，蒋超，金琦淳. 电梯轿厢超速保护用安全钳的设计与分析［J］. 机械工程与自动化，2017－11－17.

［7］ 李万莉. 卞开特电梯双向限速器触发理论与实验研究［J］. 中国工程机械学报，2017–10–15.

［8］ 汪明浩. 浅析电梯检验中安全钳和限速器常见问题［J］. 城市建设理论研究（电子版），2017（10）.

［9］ 王艺静，祝小梅. 浅谈无机房电梯限速器校验［J］. 科学咨询（科技·管理），2017（08）.

［10］ 朱灯明. 解析电梯定期检验中的限速器安全钳联动机构故障［J］. 科学时代，2015，（13）：155－155，156.

［11］ 王辉. 电梯定期检验中限速器安全钳联动机构故障分析［J］. 科技与企业，2015，（9）：189－189.

［12］ 彭啸亚. 电梯检验中的限速器—安全钳联动常见故障及原因分析［J］. 机电工程技术，2013（07）.